运筹学基础

杨振东　马国普◎主编

哈尔滨出版社

HARBIN PUBLISHING HOUSE

图书在版编目（CIP）数据

运筹学基础 / 杨振东，马国普主编 . -- 哈尔滨：
哈尔滨出版社，2023.1
ISBN 978-7-5484-7066-3

Ⅰ . ①运… Ⅱ . ①杨… ②马… Ⅲ . ①运筹学 Ⅳ .
① O22

中国国家版本馆 CIP 数据核字（2023）第 020729 号

书　　名：**运筹学基础**
YUNCHOUXUE JICHU

作　　者：杨振东　马国普　主编
责任编辑：刘　丹
封面设计：三仓学术

出版发行：哈尔滨出版社（Harbin Publishing House）
社　　址：哈尔滨市香坊区泰山路 82-9 号　　邮编：150090
经　　销：全国新华书店
印　　刷：武汉鑫佳捷印务有限公司
网　　址：www.hrbcbs.com
E-mail：hrbcbs@yeah.net
编辑版权热线：（0451）87900271　87900272

开　　本：787mm×1092mm　1/16　　印张：19.75　　字数：243 千字
版　　次：2023 年 1 月第 1 版
印　　次：2023 年 1 月第 1 次印刷
书　　号：ISBN 978-7-5484-7066-3
定　　价：98.00 元

凡购本社图书发现印装错误，请与本社印制部联系调换。
服务热线：（0451）87900279

编委会

前　言

　　运筹学是关于系统研究问题的定量分析及决策优化的理论和方法的学科，是一门新兴边缘学科。其主要任务是从数量方面揭示各类系统的结构、功能及其运行规律，为科学地进行实践活动、合理利用资源、提高经济效益、启发新的思想等提供理论和方法。

　　基于上述分析，结合我们长期的运筹实践，在借鉴了一些优秀的运筹学书籍的基础上，融进了近年来国内外运筹研究的新成果与运筹理论最新发展，我们确定和编写了本书的体系和内容，有利于读者开阔视野、更新观念。本书系统地介绍了运筹学的基本概念、基本原理和基本算法，主要包括线性规划、运输问题、整数规划、动态规划、图与网络分析、存储论、排队论等内容及其在工商管理中的应用。本书每一章后面都附有思考题、讨论题或习题，也可以作为运筹学参考教材，方便教师教学和学生学习，以提高学生运用所学理论去分析问题、解决问题的实际能力。

　　由于作者水平和资料所限，书中错误和疏漏之处在所难免，殷切希望广大读者和专家同行多批评指正。

编　者

2021 年 10 月

目　录

第 1 章 绪 论

运筹学是从 20 世纪三四十年代发展起来的一门新兴学科，它的研究对象是人类对各种资源的运用及筹划活动，它的研究目的在于了解和发现这种运用及筹划活动的基本规律，以便发挥有限资源的最大效益，达到总体、全局最优的目标。

1.1 运筹学的概念与性质

1.1.1 运筹学的概念

不同的学术组织从不同角度对运筹学给出了自己的看法，对于运筹学的概念，我们先来看看几个比较具有代表性的定义。

大不列颠运筹学会给出的定义是："运筹学是运用科学的方法，解决工业、商业、政府和国防事业中，由人、机器、材料、资金等构成的大型系统管理中所出现的复杂问题的一门学科。它的一个显著特点是科学地建立系统模型和对机会与风险的评价体系去预测和比较不同的决策策略与控

制方法的结果。其目的是帮助管理者科学地确定他的政策和行动。"

美国运筹学会给出的定义更简单，但含义基本相同："运筹学是一门在紧缺资源的情况下，如何设计与运行一个人机系统的决策科学。"

莫斯和金博尔曾对运筹学下过这样的定义："为决策机构在对其控制下的业务活动进行决策时，提供以数量化为基础的科学方法。"

在其他教科书中还有一些定义。如"运筹学是一门应用科学，它广泛应用现有的科学技术知识和数学方法，解决实际中提出的专门问题，为决策者选择最优决策提供定量依据"。

事实上，由于运筹学涉及的内容十分广泛，是一门社会科学与自然科学相互渗透而产生的交叉学科，同时又是一个处于快速发展阶段的学科，故有些内容至今还没有统一的看法或规范化的表述。综合国内外研究成果和参考一些学者的见解，运筹学可做如下定义：运筹学是应用数学、计算机等多种科学技术方法研究各类管理活动，为决策优化提供理论和方法的一门学科。

1.1.2　运筹学的性质和特点

运筹学是一门应用科学，追求的目标是整个组织或系统的最佳行动路线，强调定量的手法，以软科学研究软系统，定性与定量相结合，多学科交叉。根据运筹学的概念，它的主要学科特点有以下几点。

（1）研究对象是有组织的系统，解决问题的对象是其中的管理问题，因此，它着重从全局或系统的观点看问题，始终追求总体效果最优。运筹学在研究问题时，总是力求从事物方方面面的联系中进行分析，强调通过协调各组成部分之间的关系和利害冲突，使整个系统达到最优状态。运筹学强调"整体大于部分之和"，始终追求"1+1>2"的效果。例如，科学检测发现，人的双目的视敏度是单目视敏度的6倍以上，且双目能产生立体层次感，单目则很难。

（2）应用的工具是科学的方法、技术，具体地说，主要是数学的方法。运筹学是通过建立与求解模型解决问题的，它总是力求通过建立模型的方法或数学定量方法，使问题在量化的基础上实现科学、合理地解决。其应用范围仅限于科学方法可以完满应用的范围。它服务的目的是为决策者与执行者提供一个有效、实用的决策方案，作为其决策判断的依据。

（3）强调实际应用和实践性。运筹学是一门实践的科学，它完全是面向应用的。目前，它已被广泛应用于各个领域。运筹学既对各种作战训练问题进行创造性的科学研究，又涉及组织的实际管理问题，具有很强的实践性。离开了实践，运筹学就失去了其存在的价值和意义。它的最终任务是向决策者提供建设性意见，并收到实效。

（4）最终目的是使有组织的系统中的人、财、物和信息得到最有效的利用，它总是力求使系统的产出最大化，使投入与产出的比例实现最佳配置。它特别重视效益与费用的比较，强调在降低成本费用的基础上追求系统效益和产出的最优化。

（5）多学科交叉性。这其中又包括所涉及的问题领域的多学科性、应用方法的多学科性、团队组合的多学科性。运筹学解决的问题往往是政治、经济、技术、社会、心理、生态等多种因素的综合，应用包括数学、经济学、社会学、管理学、心理学等多方面的知识。就数学来说，线性代数、概率论和微积分等，都是必不可少的。

（6）与计算工具的发展密切相关。运筹学的发展，与计算机的发展始终是结合在一起的。没有计算机的发展，也就不可能有运筹学的发展，这是由运筹学的性质决定的。正因如此，运筹学的教学也离不开计算机。

1.2　运筹学发展简史与现状

    运筹学这门新兴的学科是第二次世界大战期间在英国首先出现的，当时雷达刚刚发明，但是在开始使用时不能很好地和高炮配合，为了帮助参谋人员研究新的反空袭雷达控制系统，1940 年 8 月在得过诺贝尔奖奖金的物理学家布莱克特（P. M. S. Blackett）教授领导下建立了一个研究小组。这个特殊的小组第一次应用了 Operational Research 这个名词，意思是活动研究，称为"运用研究"。当时这个小组包括物理学家、数学家、生理学家、天文学家、军官等人。研究工作从空军扩展到海军和陆军。不久，美国也建立了类似的小组并称之为 Operations Research。这些专门小组开展了护航舰队保护商船队的编队问题和当船队遭受德国潜艇攻击时，如何使船队损失最少的问题的研究（即商船护航、反潜艇研究）。研究了反潜深水炸弹的合理爆炸深度，使德国潜艇被摧毁数增加到 400%；研究了船只在受敌机攻击时的情况，提出了大船应急转向和小船缓慢转向的逃避方法，这一研究结果使船只在受敌机攻击时，中弹数由 47% 降到 29%。当时研究和解决的问题都是短期的和战术性的。第二次世界大战后，在英、美军队中相继成立了更为正式的运筹研究组织，并且，以兰德(Rand)公司为首的一些组织开始着重研究战略性问题，研究未来的武器系统的设计和其可能合理运用的方法。例如美国空军评价各种轰炸机系统，讨论未来的武器系统和未来战争的战略。他们还研究了苏联军事能力及未来的预报，分析苏联的政治局计划的行动原则和将来的行动预测。到了 20 世纪 50 年代，由于开发了各种洲际导弹，到底发展哪种，运筹学界也投入了研究。到了 20 世纪 60 年代，运筹学除了在军事方面的应用研究外，在工业、农业、经济和社会问题等领域都开始了应用。与此同时，运筹学有了飞快的发展，并且形成了许多分支。如数学规划（含线性规划、非线性规划，整数规划、目标规划、随机规划等）、图论与网络、排队论（随机服务系统理论）、存贮论、对策论、决策论、维修更新理论、搜索论、可靠性和质量管理等。

虽然运筹学作为学科出现在 20 世纪 30 年代末 40 年代初，但是运筹学的早期工作历史可追溯到 1914 年，运筹学家兰彻斯特（Lanchester）的战斗方程式是 1914 年提出的。排队论的先驱者丹麦工程师爱尔朗（Erlang）1917 年在哥本哈根电话公司研究电话通信系统时，提出了排队论的一些著名的公式。存贮论的最优批量公式是在 20 世纪 20 年代提出的。在 20 世纪 30 年代已有运用运筹思想分析商业广告、顾客心理等现象。

线性规划是丹捷格（G. B. Dantzig）1947 年发表的成果，并提出了单纯形法求解线性规划问题。值得一提的是丹捷格认为线性规划模型的提出是受到了列昂节夫的投入产出模型(1932 年）的影响，关于线性规划的理论是受到了冯·诺依曼（Von Neumamn）的帮助。

冯·诺依曼和摩根斯坦（O. Morgenstem）合著的《对策论与经济行为》（1944）是对策论的奠基作，同时该书已经隐约地指出了对策论与线性规划对偶理论的紧密联系。线性规划提出后很快受到了经济学家的重视，如在第二次世界大战中从事运输模型研究的美国经济学家库普斯曼（T. C. Koopmans）呼吁年轻的经济学家要关注线性规划，其中阿罗、萨缪尔逊、西蒙、多夫曼和胡尔威茨等都获得了诺贝尔奖奖金。对运筹学的建立和发展做出贡献的有物理学家、数学家、经济学家、其他专业的学者，军官和各行各业的实际工作者。最早建立运筹学会的国家是英国（1948 年）、美国（1952 年）、法国（1956 年）、日本和印度（1957 年）等，到了 1986 年，国际上已有 38 个国家和地区建立了运筹学会或类似的组织，我国运筹学会成立于 1980 年。1959 年由英、美、法三国的运筹学会发起成立了国际

运筹学联合会（IFORS），以后各国的运筹学会纷纷加入，我国于1982年加入该会。此外，还有一些地区性的组织，如欧洲运筹学会（EURO）成立于1976年，亚太运筹学协会（APORS）成立于1985年。

在20世纪50年代中期，钱学森、许国志等教授将运筹学由西方引进我国，并结合我国的特点在国内推广应用，在经济、数学方面，特别是投入产出表的研究和应用开展较早，质量控制（后改为质量管理）的应用也有特色。在此期间，以华罗庚教授为首的一大批数学家加入运筹学的研究队伍，使运筹数学的很多分支很快地跟上当时的国际水平。

1.3　运筹学的分支

运筹学的分支十分丰富，主要有以下分支。

1.3.1　规划论

规划论又称"数学规划"，是运筹学的一个重要分支。规划论包括线性规划、非线性规划、整数规划、动态规划和目标规划等，其研究对象是计划管理工作中有关安排和估值的问题，解决的主要问题是在给定条件下，按某一衡量指标来寻找安排的最优方案，在经济管理、工程设计和过程控制等方面有广泛应用。它可以表示成求函数在满足约束条件下的极值（包括极大值、极小值）问题。

1.3.2　预测论

预测论研究预测问题。预测是指人们通过一定的方法、利用已知预先推测未知。就是说预测是由预测者、一定的方法、已知和未知四个要素组成。

其中预测方法是研究已知与未知的关系，揭示它们之间的内在联系及其变化规律的一个要素。

1.3.3 决策论

决策论研究决策问题。决策就是根据客观可能性，借助一定的理论、方法和工具，科学地选择最优方案的过程。研究决策理论与方法的科学就是决策科学。特别是随着现代数学方法和计算机技术的发展，国际上安全评价分析以及预测决策实施得到了广泛应用，如利用计算机专家系统、决策支持系统、人工神经网络等现代数学方法和计算机技术，使安全分析评价预测决策实施有了一个更广阔的应用前景，这些技术方法在核工业、化工、环境等领域得到了广泛应用。

1.3.4 博弈论

如果决策者的对方也是人（一个人或一群人），双方都希望取胜，这类具有竞争性的决策称为对策或博弈型决策。目前对策问题一般可分为二人有限零和对策、阵地对策、连续对策、多人对策与微分对策等。对策论也叫博弈论，作为运筹学的一个分支，博弈论的发展也只有几十年的历史。最初用数学方法研究博弈论是在国际象棋中开始的——如何确定取胜的着法。由于是研究双方冲突、制胜对策的问题，所以这门学科在很多方面有着十分重要的应用。随着人工智能研究的进一步发展，对博弈论提出了更多新的要求。

1.3.5 排队论

排队论，或称随机服务系统理论，是通过对服务对象到来及服务时间的统计研究，得出这些数量指标（等待时间、排队长度、忙期长短等）的

统计规律，然后根据这些规律来改进服务系统的结构或重新组织被服务对象，使得服务系统既能满足服务对象的需要，又能使机构的费用最经济或某些指标最优。它是运筹学的分支学科，也是研究服务系统中排队现象随机规律的学科，广泛应用于计算机网络、生产、运输、库存等各项资源共享的随机服务系统。

1.3.6 统筹法及其应用

统筹法是一种帮助制订和实施工作进度计划的科学方法。它以统筹图形式描述复杂活动的相互时序和条件制约关系，通过统筹图分析制订出时间最短或消耗最少的工作实施计划，并监控其实现。统筹法广泛用于解决计划和协调问题，即按完成任务时间最短或所需人力最少选择最优的行动步骤并协调各单位行动。它具有简明直观、通俗易懂的特点，便于指挥员统观全局、抓住关键，组织协同。

1.4 运筹学模型和构建方法

在应用运筹学解决实际问题时，按研究对象的不同可构造各种不同的模型。模型是研究者对客观现实经过思维抽象后用文字、图表、符号、关系式以及实体模样描述所认识到的客观对象。模型的有关参数和关系式是较容易改变的，这样有助于问题的分析和研究。利用模型可以进行一定预测、灵敏度分析等。

模型可以分为四种基本形式：图解模型、相似模型、原样模型、数学模型。目前，应用最多的是符号或数学模型。构建模型是一种创造性劳动，成功的模型往往是科学和艺术的结晶。构建模型通常含有一定的方法和思路。

（1）直接分析法——按照研究者对问题内在机理的认识直接构造出模型。如线性规划模型、投入产出模型、排队模型、存贮模型、决策和对策模型等。这些模型都有很好的求解方法及求解软件，但应用这些现存模型研究问题时，要注意不能生搬硬套。

（2）类比法——有些问题可以用不同方法构造出模型，而这些模型结构的性质是类同的，这就可以相互类比。如物理学中的机械系统、气体动力学系统、水力学系统、热力学系统以及电路系统之间就有不少彼此类同的现象，甚至有些经济、社会系统也可以用物理系统来类比。在分析有些经济、社会问题时，不同国家之间有时也可以找出某些类比的现象。

（3）数据分析法——有些问题的机理尚未了解清楚，若能搜集到与此问题有关的大量数据，或通过某些试验获得大量数据，就可以用统计分析法建模。

（4）试验分析法——当有些问题机理不清，又不能作大量试验来获得数据，这时只能通过做局部试验的数据加上分析来构造模型。

（5）想定（构想）法——有些问题的机理不清，又缺少数据，又不能做试验来获得数据时，例如一些社会、经济问题，人们只能在已有的知识、经验和某些研究的基础上，对于将来可能发生的情况给出逻辑上的合理的设想和描述，然后用已有的方法构造模型，并不断修正完善，直到满意为止。

1.5　运筹学的应用

通过前面的介绍，我们都知道了运筹学最早期的应用主要集中在军事

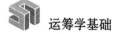

领域，第二次世界大战后，发展应用到各行各业。下面对某些重要领域作以简述。

（1）市场营销，尤其是广告预算和媒介的选择、竞争性定价、新产品开发、销售计划的制订等方面。如美国杜邦公司从 20 世纪 50 年代起就非常重视将运筹学用于研究如何做好广告工作、产品定价和新产品的引入。

（2）生产计划。在总体计划方面，主要是从总体上确定生产、存贮和劳动力的配合的计划以适应波动的需求计划，主要用线性规划和模拟方法等，此外，还有在合理下料、配料问题，物资管理等方面的应用，都能使生产费用节省很多。

（3）库存管理。主要应用于多物资库存量与管理，确定某些设备的能力和容量，如停车场的大小、新增发电设备的容量大小、电子计算机的内存量、合理的水库容量等。美国某机器制造公司应用存贮论后，节省了18% 的费用。目前，国外新动向是：将库存理论与计算机物资管理信息系统相结合。如美国西电公司，从 1971 年起用五年时间建立了"西电物资管理系统"，使公司节省了大量的物资存贮费用而且减少了管理人员。

（4）运输问题。这涉及空运、水运、公路运输、铁路运输、管道运输、厂内运输。空运问题涉及飞行航班和飞行机组人员服务时间安排等。为此在国际运筹学协会中设有航空组，专门研究空运中的运筹学问题。水运有船舶航运计划、港口装卸设备的配置和船到港后的运行安排。公路运输除了汽车调度计划外，还有公路网的设计和分析，市内公共汽车路线的选择和行车时刻表的安排，出租汽车的调度和停车场的设立。铁路运输方面的应用就更多了。

（5）财政和会计。这里涉及预算、贷款、成本分析、定价、投资、证券管理、现金管理等。用得较多的方法是：统计分析、数学规划、决策分析。此外还有盈亏点分析法、价值分析法等。

（6）人事管理。关于人事管理涉及很多方面。主要说明一下人员的分配，即各种指派问题。

（7）设备更新、维修和可靠性、项目选择和评价。

（8）工程的优化设计。这在建筑、电子、光学、机械和化工等领域都有应用。

（9）计算机和信息系统。可将运筹学用于计算机的内存分配，研究不同排队规则对磁盘和磁鼓工作性能的影响。有人利用整数规划寻找满足一组需求文件的寻找次序、利用图论、数学规划等方法，研究计算机信息系统的自动设计。

（10）城市管理。这里有各种紧急服务系统的设计和运用。如救火站、救护车、警车等的分布点的设立。美国曾用排队论的方法来确定纽约市紧急电话站的值班人数。加拿大曾研究一城市的警车的配置和负责范围，出事故后警车应走的线路等。此外，还有城市垃圾的清扫、搬运和处理，城市供水和污水处理系统的规划，等等。

我国运筹学的应用是在 1957 年始于建筑业和纺织业。在理论联系实际思想的指导下，从 1958 年开始在交通运输、工业、农业、水利建设、邮电等方面都有应用。尤其是在交通运输方面，从物资的调运、装卸到调度等方面都有应用。在粮食部门，为解决粮食调运问题，提出了"图上作业法"。在解决邮递员投递路线问题时，管梅谷提出了国外称之为"中国邮路问题"的解法。在工业生产中推广了合理下料、机床负荷负配。在纺织业中曾用排队论方法解决细纱车间劳动组织、最优折布长度等问题。在农业中研究了作物布局、劳动力分配和麦场设置、饲料配方等问题。在20世纪70年代中期，最优化方法在工程设计界得到广泛的重视。在光学设计、船舶设计、飞机设计、变压器设计、电子线路设计、建筑结构设计和化工过程设计等方面都有成果。从 20 世纪 70 年代中期排队论开始应用于研究矿山、港口、电讯和计算机的设计等方面。存贮论在我国的应用比较晚，20 世纪 70 年代末在汽车工业和其他部门取得成功。近年来运筹学的应用已趋向研究规模大和复杂的问题，如部门计划、区域经济规划等，并已与系统工程难以分解。

第 2 章　线性规划

线性规划是运筹学中最重要的一种系统优化方法。它的理论和算法已十分成熟，应用领域十分广泛，包括生产计划、物资调运、资源优化配置、物料配方、任务分配、经济规划等问题。随着计算机硬件和软件技术的发展，较大规模的线性规划问题的计算已经成为可能，IBM 等公司研制成功了功能十分强大、计算效率极高的线性规划软件 MPS，后来又发展成为更为完善的 MPSX。这些软件的研制成功，为线性规划的实际应用提供了强有力的工具。

2.1　线性规划问题及其数学模型

2.1.1　线性规划问题的提出

在经济管理中，方案常常和决策变量相对应，问题的优化常常归结为决策变量满足一定的约束条件，求目标函数的最大最小优化问题。

例 2.1 某工厂为了满足市场需求，在短期内要安排生产甲、乙、丙、

丁四种型号的产品，单位产品分别可获利 5.24 元、7.30 元、8.34 元、4.18 元。这些产品在生产中均需要占用设备 A、B、C，三种设备可利用的时数如表 2-1 所示，问：工厂分别生产多少单位产品甲、乙、丙、丁才能使获利最多？

表 2-1　三种设备可利用的时数

单位：小时

每件产品占用的机时数	产品甲	产品乙	产品丙	产品丁	设备能力
设备 A	2.5	2.0	2.4	2.0	2 000
设备 B	2.0	5.0	2.0	3.5	8 000
设备 C	2.5	3.0	3.5	2.0	5 000

设变量 x_i 为第 i 种产品的生产件数（$i = 1，2，3，4$），目标函数 z 为相应的生产计划可以获得的总收益。在加工时间以及获利与产品数量呈线性关系的假设下，可以建立如下的线性规划模型：

$$\max z = 5.24x_1 + 7.30x_2 + 8.34x_3 + 4.18x_4$$

$$s.t. \begin{cases} 2.5x_1 + 2.0x_2 + 2.4x_3 + 2.0x_4 \leqslant 2\ 000 \\ 2.0x_1 + 5.0x_2 + 2.0x_3 + 3.5x_4 \leqslant 8\ 000 \\ 2.5x_1 + 3.0x_2 + 3.5x_3 + 2.0x_4 \leqslant 5\ 000 \\ x_1，x_2，x_3，x_4 \geqslant 0 \end{cases}$$

这是一个典型的获利最大化的生产计划问题，其中 max 表示极大化（maximize），s.t. 是 subject to 的缩写。

例 2.2 某工厂需加工一批圆钢条料，规格分别为 70 cm、52 cm、35 cm，这三种圆钢条料的需要量为：100 条、150 条、900 条。库房库存一批长为 180 cm 的圆钢坯料，现需对圆钢坯料进行切割，问：应如何下料，使总的余料最少？

为了完成规定的下料任务，最简单的方法就是单一开料法，就是每一条坯料只开一种规格的条料。单一开料方法简单方便，但往往产生比较大的余料，导致材料利用率不高。为减少余料，可采用套裁法。

对于用同一坯料开出不同规格的条料，开料方式可以有多种。为了使总的边角余料数最少，需要把各种不同的下料方法一一列出，然后建立下料的数学模型。

假设切口宽度为零，或者切口宽度可以忽略不计，在这种情况下，如果从一条坯料上开出若干个条料来，这些条料的总长度一定不超过坯料的长度。有了这个简单的判断准则，可以列出全部下料的方式来。

设在 180 cm 长的坯料上能开出 70 cm 的 u 条，52 cm 的 v 条，35 cm 的 w 条。那么符合式子：$70u+52v+35w \leq 180$ 且右端与左端之差小于 35 的 u、v、w 值就是全部可能的下料方式。

现在我们从最大尺寸开始，计算一下在一条坯料中最多可下出规格为 70 cm 的条料数。

u 最大取值为 2，因此，u 的取值范围为 0，1，2。

当 u 取值为 2 时，只有 v=0，w=1，余料为 5 cm。

当 u 取值为 1 时，坯料还剩 180–70=110 cm，则 v、w 的取值必须满足：$52v+35w \leq 110$。此时 v 的取值范围为 0，1，2。

当 v=0 时，w 取值为 3，余料为 5 cm；

当 v=1 时，w 取值为 1，余料为 23 cm；

当 v=2 时，w 取值为 0，余料为 6 cm。

当 u 取值为 0 时，则 v、w 的取值必须满足：$52v+35w \leq 180$。此时 v 的取值范围为 0，1，2，3。

当 v=0 时，w 取值为 5，余料为 5 cm；

当 v=1 时，w 取值为 3，余料为 23 cm；

当 v=2 时，w 取值为 2，余料为 6 cm；

当 v=3 时，w 取值为 0，余料为 24 cm。

这就是全部可能的八种下料方式，以及每种下料方式的余料。现用表2-2将其列出。

表2-2 八种下料方式及其涂料

各种规格的条数		开料方式								需要量（条）
		一	二	三	四	五	六	七	八	
规格	70 cm	2	1	1	1	0	0	0	0	100
	52 cm	0	2	1	0	3	2	1	0	150
	35 cm	1	0	1	3	0	2	3	5	900
余料 (cm)		5	6	23	5	24	6	23	5	

现在的问题是，在这八种下料方式中找出用料最省（余料最少）的开料方案。

从表2-2中可以看出第一、四、八种开料方式的余料最少，但如果仅采用这三种方式开料，52 cm的条料是没有的，不能满足配套的需要，为此必须同时采用多种开料方式，才能满足配套的需要，又使余料最少。

现假设以第一种方式下料的坯料条数为 x_1 条，

以第二种方式下料的坯料条数为 x_2 条，

……

以第八种方式下料的坯料条数为 x_8 条。

目标是使总的边角余料最少，即

$$\min z = 5x_1 + 6x_2 + 23x_3 + 5x_4 + 24x_5 + 6x_6 + 23x_7 + 5x_8$$

$$s.t. \begin{cases} 2x_1 + x_2 + x_3 + x_4 & \geq 100 \\ 2x_2 + x_3 + 3x_5 + 2x_6 + x_7 & \geq 150 \\ x_1 + x_3 + 3x_4 + 2x_6 + 3x_7 + 5x_8 & \geq 900 \\ x_j \geq 0 \, (j = 1, 2, \cdots, 8) \end{cases}$$

这是一个典型的最小化的问题，其中 min 表示极小化（minimize）。

2.1.2 线性规划问题的一般形式

由以上两个例子，我们可以归纳出线性规划问题的一般形式：

$$\max(\min) z = c_1 x_1 + c_2 x_2 + \cdots + c_j x_j + \cdots + c_n x_n$$

$$
\begin{aligned}
s.t. \quad & a_{11}x_1 + a_{12}x_2 + \cdots + a_{1j}x_j + \cdots + a_{1n}x_n && \leqslant (=, \geqslant) b_1 \\
& a_{21}x_1 + a_{22}x_2 + \cdots + a_{2j}x_j + \cdots + a_{2n}x_n && \leqslant (=, \geqslant) b_2 \\
& \cdots \quad \cdots \quad \cdots \quad \cdots \quad \cdots && \cdots \\
& a_{m1}x_1 + a_{m2}x_2 + \cdots + a_{mj}x_j + \cdots + a_{mn}x_n && \leqslant (=, \geqslant) b_m \\
& x_1 \quad x_2 \quad \cdots \quad x_j \quad \cdots \quad x_n && \geqslant 0
\end{aligned}
$$

其中

$$\max(\min) z = c_1 x_1 + c_2 x_2 + \cdots + c_j x_j + \cdots + c_n x_n$$

称为目标函数，

$$
\begin{aligned}
a_{11}x_1 + a_{12}x_2 + \cdots + a_{1j}x_j + \cdots + a_{1n}x_n && \leqslant (=, \geqslant) b_1 \\
a_{21}x_1 + a_{22}x_2 + \cdots + a_{2j}x_j + \cdots + a_{2n}x_n && \leqslant (=, \geqslant) b_2 \\
\cdots \quad \cdots \quad \cdots \quad \cdots \quad \cdots && \cdots \\
a_{m1}x_1 + a_{m2}x_2 + \cdots + a_{mj}x_j + \cdots + a_{mn}x_n && \leqslant (=, \geqslant) b_m
\end{aligned}
$$

称为约束条件，

$$x_1, \ x_2, \ \cdots, \ x_j, \ \cdots, \ x_n \geqslant 0$$

称为变量的非负约束。

在线性规划问题中，目标函数是变量的线性函数，约束条件是变量的线性不等式。例如以下的问题就不是线性规划问题：

$$\max z = 5x_1 x_2 + 2x_3$$

$$
s.t. \begin{cases}
2x_1^2 + 3x_2 - \dfrac{1}{x_3} \leqslant 15 \\
|x_1 - x_2| + 4x_3 \geqslant 14 \\
x_1, \ x_2, \ x_3 \geqslant 0
\end{cases}
$$

记向量和矩阵

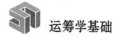

$$C_{n \times 1} = \begin{bmatrix} C_1 \\ C_2 \\ \vdots \\ C_n \end{bmatrix}, \quad X_{n \times 1} = \begin{bmatrix} x_1 \\ x_2 \\ \vdots \\ x_n \end{bmatrix}, \quad b_{m \times 1} = \begin{bmatrix} b_1 \\ b_2 \\ \vdots \\ b_m \end{bmatrix}, \quad A_{m \times n} = \begin{bmatrix} a_{11} & a_{12} & \cdots & a_{1n} \\ a_{21} & a_{22} & \cdots & a_{2n} \\ \vdots & \vdots & \vdots & \vdots \\ a_{m1} & a_{m2} & \cdots & a_{mn} \end{bmatrix}$$

则线性规划问题可由向量和矩阵表示

$$\max (\min) z = C^T X$$

$$s.t. \begin{cases} AX \leqslant (=, \geqslant) b \\ X \geqslant 0 \end{cases}$$

其中

$$C_{1 \times n}^T X_{n \times 1} = [c_1 \ c_2 \ \cdots \ c_n] \begin{bmatrix} x_1 \\ x_2 \\ \vdots \\ x_n \end{bmatrix} = c_1 x_1 + c_2 x_2 + \cdots + c_n x_n$$

$$A_{m \times n} X_{n \times 1} = \begin{bmatrix} a_{11} & a_{12} & \cdots & a_{1n} \\ a_{21} & a_{22} & \cdots & a_{2n} \\ \vdots & \vdots & \vdots & \vdots \\ a_{m1} & a_{m2} & \cdots & a_{mn} \end{bmatrix} \begin{bmatrix} x_1 \\ x_2 \\ \vdots \\ x_n \end{bmatrix} = \begin{bmatrix} a_{11}x_1 + a_{12}x_2 + \cdots + a_{1n}x_n \\ a_{21}x_1 + a_{22}x_2 + \cdots + a_{2n}x_n \\ \vdots & \vdots & \vdots \\ a_{m1}x_1 + a_{m2}x_2 + \cdots + a_{mn}x_n \end{bmatrix}$$

$AX \leqslant (= \geqslant) b$ 的分量形式为

$$\begin{bmatrix} a_{11}x_1 + a_{12}x_2 + \cdots + a_{1n}x_n \\ a_{21}x_1 + a_{22}x_2 + \cdots + a_{2n}x_n \\ \vdots & \vdots & \vdots \\ a_{m1}x_1 + a_{m2}x_2 + \cdots + a_{mn}x_n \end{bmatrix} \leqslant (= \geqslant) \begin{bmatrix} b_1 \\ b_2 \\ \vdots \\ b_m \end{bmatrix}$$

$X \geqslant 0$ 的分量形式为

$$X = \begin{bmatrix} x_1 \\ x_2 \\ \vdots \\ x_n \end{bmatrix} \geqslant \begin{bmatrix} 0 \\ 0 \\ \vdots \\ 0 \end{bmatrix}$$

2.1.3 线性规划问题的标准形式

为了便于今后讨论，我们称以下线性规划的形式为标准形式：

$$\max z = C^T X$$

$$s.t. \begin{cases} AX = b \\ X \geqslant 0 \end{cases}$$

其基本特征是：目标函数求最大值；约束条件为等式；决策变量及右端常数非负。

对于各种非标准形式的线性规划问题，我们总可以通过以下的变换，将其转化为标准形式。

（1）极小化目标函数的问题

设目标函数为

$$\min z = c_1 x_1 + c_2 x_2 + \cdots + c_n x_n$$

令 $z' = -z$，则以上极小化问题和以下极大化问题有相同的最优解。

$$\max z' = -c_1 x_1 - c_2 x_2 - \cdots - c_n x_n$$

例如，极小化线性规划问题

$$\min z = -3x_1 - 4x_2 - 5x_3$$

$$s.t. \begin{cases} x_1 - x_2 + 2x_3 \leqslant 20 \\ 2x_1 + 2x_2 + 2x_3 \leqslant 45 \\ x_1, \ x_2, \ x_3 \geqslant 0 \end{cases}$$

和相应的极大化线性规划问题

$$\max z' = 3x_1 + 4x_2 + 5x_3$$

$$s.t. \begin{cases} x_1 - x_2 + 2x_3 \leqslant 20 \\ 2x_1 + 2x_2 + 2x_3 \leqslant 45 \\ x_1, \ x_2, \ x_3 \geqslant 0 \end{cases}$$

的最优解相同，都是

$$x_1=0, \quad x_2=14, \quad x_3=17$$

但他们最优解的目标函数值却相差一个符号，即

$$\min z=-141 \qquad \max z'=141$$

（2）约束条件不是等式的问题

设约束条件为

$$a_{i1}x_1+a_{i2}x_2+\cdots+a_{in}x_n \leqslant b_i \qquad (i=1, \ 2, \ \cdots, \ m)$$

引进一个新的变量 x_{n+i}，使它等于约束右边与左边之差

$$x_{n+i}=b_i-(a_{i1}x_1+a_{i2}x_2+\cdots+a_{in}x_n)$$

显然 x_{n+i} 也具有非负约束，即 $x_{n+i} \geqslant 0$，这时新的约束条件成为

$$a_{i1}x_1+a_{i2}x_2+\cdots+a_{in}x_n+x_{n+i}=b_i$$

当约束条件为

$$a_{i1}x_1+a_{i2}x_2+\cdots+a_{in}x_n \geqslant b_i$$

时，类似地令

$$x_{n+i}=(a_{i1}x_1+a_{i2}x_2+\cdots+a_{in}x_n)-b_i$$

则同样有 $x_{n+i} \geqslant 0$，新的约束条件成为

$$a_{i1}x_1+a_{i2}x_2+\cdots+a_{in}x_n-x_{n+i}=b_i$$

为了使约束由不等式成为等式而引进的变量 x_{n+i} 称为"松弛变量(Slack Variable)"。如果原问题中有若干个非等式约束，则将其转化为标准形式时，必须对各个约束引进不同的松弛变量。

例 2.3 将以下线性规划问题转化为标准形式

$$\max z=3x_1-2x_2+x_3$$

$$s.t. \begin{cases} x_1+2x_2-x_3 \leqslant 5 & (1) \\ 4x_1+3x_3 \geqslant 8 & (2) \\ x_1+x_2+x_3=6 & (3) \\ x_1, \ x_2, \ x_3 \geqslant 0 \end{cases}$$

分别对约束（1）（2）引进松弛变量 x_4，x_5 得到以下标准形式的线性规划问题

$$\max z=3x_1-2x_2+x_3$$

$$s.t. \begin{cases} x_1+2x_2-x_3+x_4=5 \\ 4x_1+3x_3-x_5=8 \\ x_1+x_2+x_3=6 \\ x_1, \ x_2, \ x_3, \ x_4, \ x_5 \geqslant 0 \end{cases}$$

（3）变量无符号限制的问题

在标准形式中，每一个变量都有非负约束。当一个变量 x_j 没有非负约束时，可以令

$$x_j=x_j' - x_j''$$

其中

$$x_j' \geqslant 0, \ x_j'' \geqslant 0$$

即用两个非负变量之差来表示一个无符号限制的变量，x_j 的符号取决于 x_j' 和 x_j'' 的大小。

例 2.4 将以下线性规划问题转化为标准形式

$$\max z=2x_1-3x_2+x_3$$

$$s.t. \begin{cases} x_1-x_2+2x_3 \leqslant 3 \\ 2x_1+3x_2-x_3 \geqslant 5 \\ x_1+x_2+x_3=4 \\ x_1, \ x_3 \geqslant 0, \ x_2 \text{ 无符号限制} \end{cases}$$

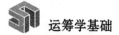

引进松弛变量 x_4，$x_5 \geq 0$，并令

$$x_2 = x_2' - x_2''$$

其中 $x_2' \geq 0$，$x_2'' \geq 0$ 得到以下等价的标准形式

$$\max z = 2x_1 - 3x_2' + 3x_2'' + x_3$$

$$s.t. \begin{cases} x_1 - x_2' + x_2'' + 2x_3 + x_4 = 3 \\ 2x_1 + 3x_2' - 3x_2'' - x_3 - x_5 = 5 \\ x_1 + x_2' - x_2'' + x_3 = 4 \\ x_1,\ x_2',\ x_2'',\ x_3,\ x_4,\ x_5 \geq 0 \end{cases}$$

（4）变量小于等于零的问题

在一些实际问题中，变量不允许为正数，这样的问题也不是标准问题。

例如：

$$\max z = 3x_1 - 5x_2 + x_3$$

$$s.t. \begin{cases} 2x_1 + 4x_2 + x_3 \leq 15 \\ -x_1 - 3x_2 + 2x_3 \geq 6 \\ x_1 \geq 0,\ x_2 \leq 0,\ x_3 \geq 0 \end{cases}$$

令 $x_2 = -x_2'$，$x_2' \geq 0$，原问题成为：

$$\max z = 3x_1 + 5x_2' + x_3$$

$$s.t. \begin{cases} 2x_1 - 4x_2' + x_3 \leq 15 \\ -x_1 + 3x_2' + 2x_3 \geq 6 \\ x_1 \geq 0,\ x_2' \geq 0,\ x_3 \geq 0 \end{cases}$$

然后引进松弛变量 x_4，x_5，成为标准问题：

$$\max z = 3x_1 + 5x_2' + x_3$$

$$s.t. \begin{cases} 2x_1 - 4x_2' + x_3 + x_4 = 15 \\ -x_1 + 3x_2' + 2x_3 - x_5 = 6 \\ x_1, \ x_2', \ x_3, \ x_4, \ x_5 \geqslant 0 \end{cases}$$

这样，我们就能够将任何非标准形式的线性规划问题转化为等价的标准形式问题。

2.2　线性规划问题的几何解释

对于只有两个变量的线性规划问题，可以在二维直角坐标平面上表示。

例 2.5

$$\max z = x_1 + 3x_2$$

$$s.t. \begin{cases} x_1 + x_2 \leqslant 6 & （1） \\ -x_1 + 2x_2 \leqslant 8 & （2） \\ x_1, \ x_2 \geqslant 0 \end{cases}$$

其中满足约束 (1) 的点 $X = \begin{bmatrix} x_1 \\ x_2 \end{bmatrix}$ 位于坐标平面上直线 $x_1 + x_2 = 6$ 靠近原点的一侧。同样，满足约束 (2) 的点位于坐标平面上直线 $-x_1 + 2x_2 = 8$ 的靠近原点的一侧。而变量 x_1, x_2 的非负约束表明满足约束条件的点同时应位于第一象限内。这样，以上几个区域的交集就是满足以上所有约束条件的点的全体，如图 2.1 所示。

我们称满足线性规划问题所有约束条件（包括变量非负约束）的向量

$$X = （x_1, \ x_2, \ \cdots, \ x_n）^T$$

为线性规划的可行解（Feasible Solution），称可行解的集合为可行域（Feasible Region）。

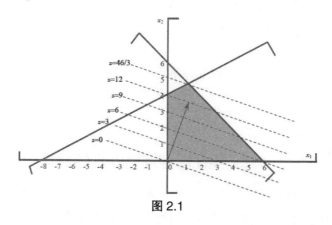

图 2.1

例 2.5 的线性规划问题的可行域如图 2.1 中阴影部分所示。

为了在图上表示目标函数，令 $z=z_0$ 为某一确定的目标函数值，取一组不同的 z_0 值，在图上得到一组相应的平行线，称为目标函数等值线。在同一条等值线上的点，相应的可行解的目标函数值相等。在图 2.1 中，给出了 $z=0$，$z=3$，$z=6$，…，$z=\dfrac{46}{3}$ 这一组目标函数等值线。对于目标函数极大化问题，这一组目标函数等值线沿目标函数增大而平行移动的方向（即目标函数梯度方向）就是目标函数的系数向量 $C=(c_1, c_2, \cdots, c_n)^T$；对于极小化问题，目标函数则沿 $-C$ 方向平行移动。

在以上问题中，目标函数等值线在平行移动过程中与可行域的最后一个交点是 B 点，这就是线性规划问题的最优解，这个最优解可以由二条直线

$$x_1+x_2=6$$

$$-x_1+2x_2=8$$

的交点求得

$$x_1=\frac{4}{3}, \ x_2=\frac{14}{3}$$

最优解的目标函数值为

$$z=x_1+3x_2=\frac{4}{3}+3\times\frac{14}{3}=\frac{46}{3}$$

为了将以上概念推广到一般情况，我们给出以下定义：

定义 2.1 在 n 维空间中，满足条件

$$a_{i1}x_1+a_{i2}x_2+\cdots+a_{in}x_n=b_i$$

的点集

$$X=(x_1,\ x_2,\ \cdots,\ x_n)^T$$

称为一个超平面。

定义 2.2 满足条件

$$a_{i1}x_1+a_{i2}x_2+\cdots+a_{in}x_n\leqslant（或\geqslant）b_i$$

的点集

$$X=(x_1,\ x_2,\ \cdots,\ x_n)^T$$

称为 n 维空间中的一个半空间。

定义 2.3 有限个半空间的交集，即同时满足以下条件的非空点集

$$a_{11}x_1+a_{12}x_2+\cdots+a_{1n}x_n\leqslant（或\geqslant）b_1$$

$$a_{21}x_1+a_{22}x_2+\cdots+a_{2n}x_n\leqslant（或\geqslant）b_2$$

$$\vdots\qquad\vdots\qquad\qquad\vdots$$

$$a_{m1}x_1+a_{m2}x_2+\cdots+a_{mn}x_n\leqslant（或\geqslant）b_m$$

称为 n 维空间中的一个多面体。

运用矩阵记号，n 维空间中的多面体也可记为

$$AX\leqslant（或\geqslant）b$$

每一个变量非负约束 $x_i\geqslant0$（$i=1,\ 2,\ \cdots,\ n$）也都是半空间，其相应的超平面就是相应的坐标平面 $x_i=0$。

在图 2.2 中，我们看到，线性规划问题的可行域是一个凸多边形。容

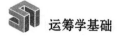

易想象，在一般的 n 维空间中，n 个变量，m 个约束的线性规划问题的可行域也应具备这一性质。为此我们引进如下的定义。

定义 2.4 设 S 是 n 维空间中的一个点集。若对任意 n 维向量 $X_1 \in S$，$X_2 \in S$，且 $X_1 \neq X_2$，以及任意实数 λ（$0 \leq \lambda \leq 1$），有

$$X = \lambda X_1 + (1-\lambda) X_2 \in S$$

则称 S 为 n 维空间中的一个凸集（Convex Set）。点 X 称为点 X_1 和 X_2 的凸组合。

以上定义有明显的几何意义，它表示凸集 S 中的任意两个不相同的点连线上的点（包括这两个端点），都位于凸集 S 之中，如图 2.2 所示。

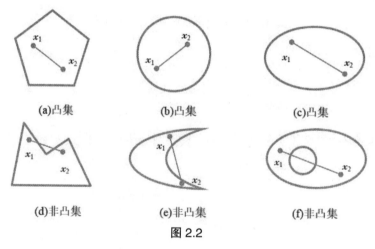

图 2.2

从图 2.1 还可以看出，线性规划如果有最优解，其最优解必定位于可行域边界的某些点上。在平面多边形中，这些点就是多边形的顶点。在 n 维空间中，我们称这样的点为极点（Extreme Point）。

在凸集中，不能表为不同点的凸组合的点称为凸集的极点。

定义 2.5 设 S 为一个凸集，且 $X \in S$，$X_1 \in S$，$X_2 \in S$。对于 $0 \leq \lambda \leq 1$，若

$$X=\lambda X_1+（1-\lambda）X_2$$

则必定有 $X=X_1=X_2$，则称 X 为 S 的一个极点。

运用以上的定义，线性规划的可行域以及最优解有以下性质：

（1）若线性规划的可行域非空，则可行域必定为一个凸集。

（2）若线性规划有最优解，则最优解至少位于一个极点上。

这样，求线性规划最优解的问题，从在可行域内无限个可行解中搜索的问题转化为在其可行域的有限个极点上搜索的问题。

最后，来讨论线性规划的可行域和最优解的几种可能的情况。

（1）可行域为封闭的有界区域。

(a) 有唯一的最优解；

(b) 有一个以上的最优解。

（2）可行域为非封闭的无界区域。

(a) 有唯一的最优解；

(b) 有一个以上的最优解；

(c) 目标函数无界（即虽有可行解，但在可行域中，目标函数可以无限增大或无限减小），因而没有最优解。

（3）可行域为空集，因而没有可行解。

以上几种情况如图 2.3 所示。

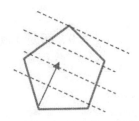 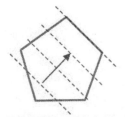 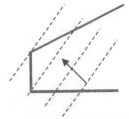

（a）可行域封闭，唯一最优解　　（b）可行域封闭，多个最优解　　（c）可行域开发，唯一最优解

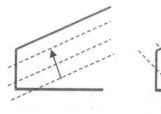
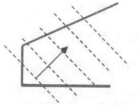
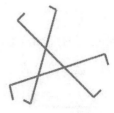

（d）可行域开放，多个最优解　　（c）可行域开放，目标函数无界　　（c）可行域为空集

图 2.3

2.3　单纯形法

2.3.1　单纯形法原理

（1）线性规划的基、基础可行解

由于图解法无法解决三个变量以上的线性规划问题，我们必须用代数方法来求得可行域的极点。先从以下的例子来看。

例 2.6

$$\max z = x_1 + 2x_2$$

$$s.t. \begin{cases} x_1 + x_2 \leq 3 & （1） \\ x_2 \leq 1 & （2） \\ x_1, \ x_2 \geq 0 \end{cases}$$

这个问题的图解如图 2.4 所示。引进松弛变量 x_3，$x_4 \geq 0$，问题变成标准形式

$$\max z = x_1 + 2x_2$$

$$s.t. \begin{cases} x_1+x_2+x_3=3 & （1） \\ x_2+x_4=1 & （2） \\ x_1,\ x_2,\ x_3,\ x_4 \geq 0 \end{cases}$$

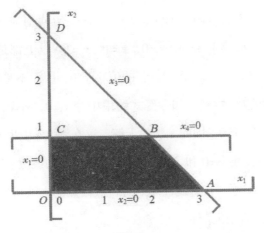

图 2.4

由上图可以看出，直线 AD 对应于约束条件（1），位于 AD 左下侧半平面上的点满足约束条件 $x_1+x_2 < 3$，即该半平面上的点，满足 $x_3 > 0$。直线 AD 右上侧半平面上的点满足约束条件 $x_1+x_2 > 3$，即该半平面上的点，满足 $x_3 < 0$，而直线 AD 上的点，相应的 $x_3=0$。同样，直线 BC 上的点满足 $x_4=0$。BC 以下半平面中的点，满足 $x_4 > 0$。BC 以上半平面中的点，满足 $x_4 < 0$。另外，OA 上的点满足 $x_2=0$，OD 上的点满足 $x_1=0$。

由此可见，上图中约束直线的交点 O，A，B，C 和 D 可以由以下方法得到：在标准化的等式约束中，令其中某两个变量为零，得到其他变量的唯一解，这个解就是相应交点的坐标。如果某一交点的坐标（x_1，x_2，x_3，x_4）全为非负，则该交点就对应于线性规划可行域的一个极点（如点 A，B，C 和 O）；如果某一交点的坐标中至少有一个分量为负值（如点 D），

则该交点不是可行域的极点。

由图 2.4 可知，O 点对应于 $x_1=0$，$x_2=0$，在等式约束中令 $x_1=0$，$x_2=0$，得到 $x_3=3$，$x_4=1$。即 O 点对应于极点 $X=(x_1, x_2, x_3, x_4)^T=(0, 0, 3, 1)$。由于所有分量都为非负，因此 O 点是可行域的一个极点。

同样，A 点对应于 $x_2=0$，$x_3=0$，$x_1=3$，$x_4=1$；B 点对应于 $x_3=0$，$x_4=0$，$x_1=2$，$x_2=1$；C 点对应于 $x_1=0$，$x_4=0$，$x_2=1$，$x_3=2$。以上都是极点。而 D 点对应于 $x_1=0$，$x_3=0$，$x_2=3$，$x_4=-2$，x_4 的值小于 0，因而不是极点。

同时，我们也注意到，如在等式约束中令 $x_2=0$，$x_4=0$，由于线性方程组的系数行列式等于 0，因而 x_1、x_3 无解。这在图 2.4 中也容易得到解释，这是由于对应的直线 $x_2=0$ 和 $x_4=0$ 平行，没有交点的缘故。

对于一般的问题，获得线性规划可行域极点的方法可描述如下：

设线性规划的约束条件为

$$
\begin{aligned}
a_{11}x_1+a_{12}x_2+\cdots+a_{1n}x_n &=b_1 \\
a_{21}x_1+a_{22}x_2+\cdots+a_{2n}x_n &=b_2 \\
\cdots \quad \cdots \quad \cdots \quad \cdots & \\
a_{m1}x_1+a_{m2}x_2+\cdots+a_{mn}x_n &=b_m \\
x_1 \quad x_2 \qquad x_n \quad &\geqslant 0
\end{aligned}
$$

其中系数矩阵为 $m \times n$ 的矩阵，设 $n>m$，并假设系数矩阵的秩为 m，即系数矩阵的 m 个行向量是线性无关的。在约束等式中，令 $X=(x_1, x_2, \cdots, x_n)^T$ 中 $n-m$ 个变量为零，如果剩下的 m 个变量在线性方程组中的系数矩阵是非奇异的，这 m 个变量有唯一解。这 n 个变量的值组成的向量 X 就对应于 n 维空间中若干个超平面的一个交点。当这 n 个变量的值都是非负时，这个交点就是线性规划可行域的一个极点。

根据以上分析，得到以下定义：

定义 2.6 线性规划的基、基变量、非基变量标准化的线性规划问题的约束系数为 $m \times n$ 阶矩阵，$m < n$，矩阵的秩为 m。矩阵中的一个非奇异的 $m \times m$ 子矩阵称为线性规划的一个基。

与基矩阵对应的变量称为基变量，其余的变量称为非基变量。

定义 2.7 线性规划问题的基础解、基础可行解和可行基

对于线性规划的一个基（$m \times m$ 阶矩阵），n 个变量划分为 m 个基变量、$n-m$ 个非基变量。令 $n-m$ 个非基变量全等于 0，m 个基变量有唯一解。这样得到的 n 个变量的一个解称为基础解。如果基础解中所有的变量都是非负的，这个解称为基础可行解。

如果一个基对应的基础解是可行解，这个基称为可行基。

根据以上的分析，我们不加证明地给出以下定理：

定理 2.1 线性规划的基础可行解就是可行域的极点。

这个定理是线性规划的基本定理，它的重要性在于把可行域的极点这一几何概念与基础可行解这一代数概念联系起来，因而可以通过求基础可行解这种线性代数的方法来得到可行域的一切极点，从而有可能进一步获得最优极点。

例 2.7 求例 2.6 中线性规划可行域的所有极点。

这个线性规划问题的标准形式的约束条件为：

$$\begin{cases} x_1+x_2+x_3=3 \\ x_2+x_4=1 \\ x_1,\ x_2,\ x_3,\ x_4 \geqslant 0 \end{cases}$$

系数矩阵

$$A=[\,a_1,\ a_2,\ a_3,\ a_4\,]=\begin{bmatrix} 1 & 1 & 1 & 0 \\ 0 & 1 & 0 & 1 \end{bmatrix}$$

A 矩阵包含以下六个 2×2 的子矩阵：

$$B_1 = [a_1, \ a_2] = \begin{bmatrix} 1 & 1 \\ 0 & 1 \end{bmatrix} \quad B_2 = [a_1, \ a_3] = \begin{bmatrix} 1 & 1 \\ 0 & 0 \end{bmatrix} \quad B_3 = [a_1, \ a_4] = \begin{bmatrix} 1 & 0 \\ 0 & 1 \end{bmatrix}$$

$$B_4 = [a_2, \ a_3] = \begin{bmatrix} 1 & 1 \\ 1 & 0 \end{bmatrix} \quad B_5 = [a_2, \ a_4] = \begin{bmatrix} 1 & 0 \\ 1 & 1 \end{bmatrix} \quad B_6 = [a_3, \ a_4] = \begin{bmatrix} 1 & 0 \\ 0 & 1 \end{bmatrix}$$

其中

$$B_2 = [a_1, \ a_3] = \begin{bmatrix} 1 & 1 \\ 0 & 0 \end{bmatrix}$$

其行列式 $\det B_2 = 0$，因而 B_2 不是线性规划的一个基。其余均为非奇异方阵，因此该问题共有 5 个基。

对于基 $B_1 = [a_1, \ a_2]$，基变量为 x_1，x_2，非基变量为 x_3，x_4。令非基变量 x_3，x_4 等于 0，求解线性方程组

$$\begin{cases} x_1 + x_2 = 3 \\ x_2 = 1 \end{cases}$$

得到基变量的值

$$x_1 = 2, \ x_2 = 1$$

基变量全为非负，因而 B_1 是可行基。

$$(x_1, \ x_2, \ x_3, \ x_4) = (2, \ 1, \ 0, \ 0)$$

为对应于基 B_1 的一个基础解。由于这个基础解的各个变量均为非负，故这是一个基础可行解，因而对应于一个极点。这个极点就是图 2.4 中的极点 B。

对于基 $B_3 = [a_1, \ a_4]$，基变量为 x_1，x_4，非基变量为 x_2，x_3。令非基变量 x_2，x_3 等于 0，求解线性方程组

$$\begin{cases} x_1 = 3 \\ x_4 = 1 \end{cases}$$

得到基变量的值

$x_1=3$，$x_4=1$

基变量全为非负，因而 B_3 是可行基。

$(x_1, x_2, x_3, x_4) = (3, 0, 0, 1)$

为对应于基 B_3 的一个基础解。由于这个基础解的各个变量均为非负，故这是一个基础可行解，因而对应于一个极点。这个极点就是图 2.4 中的极点 A。

对于基 $B_4=[a_2, a_3]$，基变量为 x_2，x_3，非基变量为 x_1，x_4。令非基变量 x_1，x_4 等于 0，求解线性方程组

$$\begin{cases} x_2+x_3=3 \\ x_2=1 \end{cases}$$

得到基变量的值

$x_2=1$，$x_3=2$

基变量全为非负，因而 B_4 是可行基。

$(x_1, x_2, x_3, x_4) = (0, 1, 2, 0)$

为对应于基 B_4 的一个基础解。由于这个基础解的各个变量均为非负，故这是一个基础可行解，因而对应于一个极点。这个极点就是图 2.4 中的极点 C。

对于基 $B_5=[a_2, a_4]$，基变量为 x_2，x_4，非基变量为 x_1，x_3。令非基变量 x_1，x_3 等于 0，求解线性方程组

$$\begin{cases} x_2=3 \\ x_2+x_4=1 \end{cases}$$

得到基变量的值

$x_2=3$，$x_4=-2$

基变量出现负数，因而 B_5 不是可行基。

$(x_1, x_2, x_3, x_4) = (0, 3, 0, -2)$

为对应于基 B_5 的一个基础解，但不是基础可行解，不是极点，而是约束直线的一个交点。这个交点就是图 2.4 中的点 D。

对于基 $B_6 = [a_3, a_4]$，基变量为 x_3, x_4，非基变量为 x_1, x_2。令非基变量 x_1, x_2 等于 0，求解线性方程组

$$\begin{cases} x_3 = 3 \\ x_4 = 1 \end{cases}$$

得到基变量的值

$x_3 = 3, x_4 = 1$

基变量全为非负，因而 B_6 是可行基。

$(x_1, x_2, x_3, x_4) = (0, 0, 3, 1)$

为对应于基 B_6 的一个基础解。由于这个基础解的各个变量均为非负，故这是一个基础可行解，因而对应于一个极点。这个极点就是图 2.4 中的极点 O。

这样就得到了例 2.6 线性规划问题可行域的所有四个极点，只要将这四个极点的坐标分别代入目标函数，比较相应目标函数值的大小，就可以得到线性规划的最优解。

定理 2.1 指出了一种求解线性规划问题的可能途径，这就是先确定线性规划问题的基，如果是可行基，则计算相应的基础可行解以及相应解的目标函数值。由于基的个数是有限的（最多 C_n^m 个），因此必定可以从有限个基础可行解中找到使目标函数为最优（极大或极小）的解。

但是线性规划的基的个数随着问题规模的增大而很快增加，以致实际上成为不可穷尽的。举例来说，一个有 50 个变量、20 个约束等式的线性

规划问题，其最多可能有 $C_{50}^{20} = \dfrac{50!}{20!30!} = 4.7 \times 10^{13}$ 个基。

为了说明计算所有基础可行解的计算量有多大，我们假定计算一个基础可行解（即求解一个 20×20 的线性方程组）只需要一秒钟，那么计算以上所有的基础可行解需要 $\dfrac{4.7 \times 10^{13}}{3600 \times 24 \times 365} \cong 1.5 \times 10^{6}$ 年，即约 150 万年。

很显然，借助定理 2.1 来求解线性规划问题，哪怕是规模不大的问题，也是不可能的。而下一章介绍的一种算法——单纯形法，可以极为有效地解决大规模的线性规划问题。

（2）用消元法描述单纯形法原理

为了避免搜索可行域的所有极点，我们采用以下搜索策略（图 2.5）：首先找到可行域的一个极点 A。以这个极点作为起点，检查与这个极点相邻的极点。判断可行解从初始极点移动到一个相邻的极点后，目标函数是否减小。如果目标函数减小，就将可行解移动到极点 B 上。继续判断可行解从极点 B 向与它相邻的极点移动时，目标函数是否减小。如果是，继续移动。依次进行。当可行解移动到某一个极点 D，发现从 D 点向与它相邻的所有极点移动时，目标函数都不会减小，这个最后到达的极点 D 就是线性规划的最优解。这样的搜索策略可以极大地减少访问极点的数量。这就是单纯形法的基本思想。

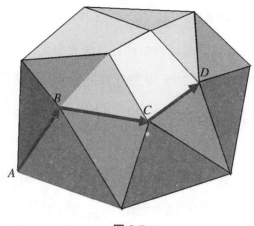

图 2.5

单纯形法是描述可行解从可行域的一个极点沿着可行域的边界移到另一个相邻的极点时,目标函数和基变量随之变化的方法。由上一节的讨论可以知道,对于线性规划的一个基,当非基变量确定以后,基变量和目标函数的值也随之确定。因此,可行解从一个极点到相邻极点的移动,以及移动时基变量和目标函数值的变化可以分别由基变量和目标函数用非基变量的表达式来表示。同时,当可行解从可行域的一个极点沿着可行域的边界移动到一个相邻的极点的过程中,所有非基变量中只有一个变量的值从 0 开始增加,而其他非基变量的值都保持 0 不变。

例 2.8 用单纯形法原理求解线性规划问题

$$\max z = x_1 + 2x_2$$

$$s.t. \begin{cases} x_1 + x_2 \leqslant 3 \\ x_2 \leqslant 1 \\ x_1, \ x_2 \geqslant 0 \end{cases}$$

首先将以上问题转换成标准形式。将目标函数转换成极小化,并在约束中增加松弛变量 x_3,x_4:

$$\max z = x_1 + 2x_2$$

$$s.t. \begin{cases} x_1 + x_2 + x_3 = 3 \\ x_2 + x_4 = 1 \\ x_1, \ x_2, \ x_3, \ x_4 \geqslant 0 \end{cases}$$

第一次叠代：

步骤 1：取初始可行基，x_3，x_4 为基变量，x_1，x_2 为非基变量。将基变量和目标函数用非基变量表出：

$$\begin{cases} z = x_1 + 2x_2 \\ x_3 = 3 - x_1 - x_2 \\ x_4 = 1 - x_2 \end{cases}$$

当非基变量 x_1，$x_2 = 0$ 时，相应的基变量和目标函数值为 $x_3 = 3$，$x_4 = 1$，$z' = 0$，得到当前的基础可行解

$$(x_1, \ x_2, \ x_3, \ x_4) = (0, \ 0, \ 3, \ 1), \ z = 0$$

初始可行解位于极点 O。图 2.6 中的两个箭头分别（定性地）表示当前基变量 x_3 和 x_4 的大小。

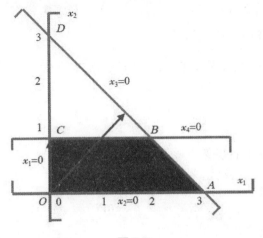

图 2.6

步骤 2：选择进基变量。在目标函数

$$z=x_1+2x_2$$

中，非基变量 x_1，x_2 的系数都是正数，因此 x_1，x_2 进基都可以使目标函数 z 增大，但 x_2 的系数为 2，比 x_1 的系数 1 大，因此 x_2 进基可以使目标函数 z 增加得更快。选择 x_2 进基，使 x_2 的值从 0 开始增加，另一个非基变量 $x_1=0$ 保持不变。可行解从极点 O 向极点 C 移动。

步骤 3：确定离基变量。在约束条件

$$\begin{cases} z=x_1+2x_2 \\ x_3=3-x_1-x_2 \\ x_4=1-x_2 \end{cases}$$

中，由于进基变量 x_2 在两个约束条件中的系数都是负数，当 x_2 的值从 0 开始增加时，基变量 x_3，x_4 的值分别从当前的值 3 和 1 开始减少，当 x_2 增加到 1 时，x_4 首先下降为 0 成为非基变量。这时，新的基变量为 x_3，x_2，新的非基变量为 x_1，x_4，当前的基础可行解和目标函数值为：

$$(x_1, x_2, x_3, x_4)=(0, 1, 2, 0)，z=2$$

可行解移到极点 C。

第二次叠代：

步骤 1：将当前的基变量 x_3，x_2 用当前的非基变量 x_1，x_4 表示：

$$\begin{cases} x_2+x_3=3-x_1 \\ x_2=1-x_4 \end{cases}$$

消去第一个约束中的基变量 x_2，得到

$$\begin{cases} x_3=2-x_1+x_4 \\ x_2=1-x_4 \end{cases}$$

图 2.7 中的两个箭头分别（定性地）表示当前的基变量 x_2 和 x_3 的大小。

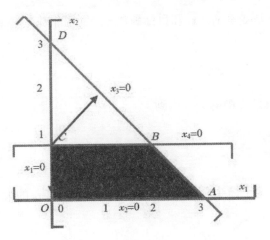

图 2.7

将第二个约束 $x_2=1-x_4$ 代入目标函数 $z=x_1+2x_2$，得到目标函数用当前非基变量表示的形式：

$$z=x_1+2（1-x_4）=2+x_1-2x_4$$

步骤 2：选择进基变量。在目标函数 $z=2+x_1-2x_4$ 中，只有非基变量 x_1 的值增加可以使目标函数 z 增加，选择非基变量 x_1 进基，另一个非基变量 $x_4=0$ 保持不变。可行解从 C 向 B 移动。

步骤 3：确定离基变量。从约束条件

$$\begin{cases} x_3=2-x_1+x_4 \\ x_2=1-x_4 \end{cases}$$

可以看出，当进基变量 x_1 从 0 开始增加时，基变量 x_3 的值从 2 开始减少，另一个基变量 x_2 的值不随 x_1 变化。当 $x_1=2$ 时，基变量 $x_3=0$ 离基，这时新的基变量为 x_1，x_2，新的非基变量为 x_3，x_4。当前的基础可行解为：

$$（x_1，x_2，x_3，x_4）=（2，1，0，0），z=4 \text{ 这个解对应于极点 } B。$$

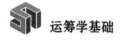

第三次叠代：

步骤1：将基变量 x_1，x_2 和目标函数 z 分别用非基变量 x_3，x_4 表示：

$$\begin{cases} x_1+x_2=3-x_3 \\ x_2=1-x_4 \end{cases}$$

消去第一个约束条件中的 x_2，得到

$$\begin{cases} x_1=2-x_3+x_4 \\ x_2=1-x_4 \end{cases}$$

图2.8中的两个箭头分别表示当前的基变量 x_1 和 x_2 的大小。

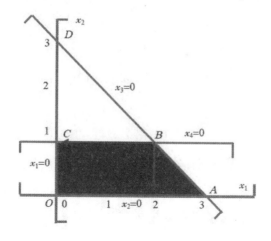

图2.8

将以上两个基变量 x_1，x_2 代入目标函数 $z=x_1+2x_2$，得到目标函数用当前非基变量表出的形式：

$$z=(2-x_3+x_4)+2(1-x_4)=4-x_3-x_4$$

步骤2：选择进基变量。由于目标函数中非基变量 x_3，x_4 的系数都是负数，因此任何一个进基都不能使目标函数增大，而只会使目标函数减小。已经达到最优解。最优解为：

$$(x_1,\ x_2,\ x_3,\ x_4)=(2,\ 1,\ 0,\ 0),\ \max z=4$$

原问题的最优解为：$(x_1, x_2) = (2, 1)$，$\max z=4$。

根据以上讨论，（目标函数极大化问题）单纯形法的步骤可描述如下：

步骤 0（初始步骤）：找到一个初始的基和相应基础可行解（极点），确定相应的基变量、非基变量（全部等于 0）以及目标函数的值，并将目标函数和基变量分别用非基变量表示。

步骤 1：根据目标函数用非基变量表出的表达式中非基变量的系数，选择一个非基变量，使它的值从当前值 0 开始增加时，目标函数值随之增大。这个选定的非基变量称为"进基变量"。

如果任何一个非基变量的值增加都不能使目标函数值增大，则当前的基础可行解就是最优解。

步骤 2：在基变量用非基变量表出的表达式中，观察进基变量增加时各个基变量的变化情况，确定基变量的值在进基变量增加过程中首先减小到 0 的变量，这个基变量称为"离基变量"。当进基变量的值增加到使离基变量的值降为 0 时，可行解移动到相邻的极点。

如果进基变量的值增加时，所有基变量的值都不减少，则表示可行域是不封闭的，且目标函数值随进基变量的增加可以无限减少。

步骤 3：将进基变量作为新的基变量，离基变量作为新的非基变量，确定新的基、新的基础可行解和新的目标函数值。返回步骤 1。

例 2.9 用单纯形法求解以下线性规划问题

$\max z=x_1+3x_2$

$$s.t. \begin{cases} x_1+x_2 \leqslant 6 \\ -x_1+2x_2 \leqslant 8 \\ x_1, x_2 \geqslant 0 \end{cases}$$

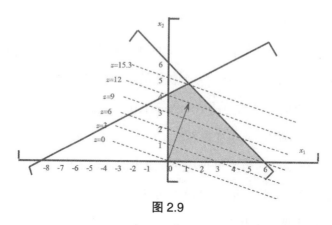

图 2.9

标准化，得到

$$\max z = x_1 + 3x_2$$

$$s.t. \begin{cases} x_1 + x_2 + x_3 = 6 \\ -x_1 + 2x_2 + x_4 = 8 \\ x_1, \ x_2, \ x_3, \ x_4 \geqslant 0 \end{cases}$$

第一次叠代：

步骤 1：初始非基变量 $x_1 = x_2 = 0$，基变量 $x_3 = 6$，$x_4 = 8$，初始基础可行解为 $(x_1, \ x_2, \ x_3, \ x_4) = (0, \ 0, \ 6, \ 8)$，$z = 0$，对应于极点 O。图 2.10 中的二个箭头分别（定性地）表示当前基变量 x_3 和 x_4 的大小。

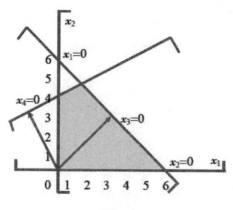

图 2.10

基变量和目标函数用非基变量表示

$$\begin{cases} z=x_1+3x_2 \\ x_3=6-x_1-x_2 \\ x_4=8+x_1-2x_2 \end{cases}$$

步骤 2：选择进基变量。x_2 进基，另一个非基变量 $x_1=0$ 不变。

步骤 3：确定离基变量。$\min\left\{\dfrac{6}{1},\dfrac{8}{2}\right\}=4$，当 $x_2=4$ 时，$x_4=0$ 离基。新的基础可行解为：

$$(x_1,\ x_2,\ x_3,\ x_4)=(0,\ 4,\ 2,\ 0)，z=12，对应于极点\ C。$$

第二次叠代：

步骤 1：基变量和目标函数用非基变量表示

$$\begin{cases} x_2+x_3=6-x_1 \\ 2x_2=8+x_1-x_4 \end{cases}$$

将第二个约束两边同除以 2，得到

$$\begin{cases} x_2+x_3=6-x_1 \\ x_2=4+\dfrac{1}{2}x_1-\dfrac{1}{2}x_4 \end{cases}$$

两式相减，消去第一式中的基变量 x_2，得到

$$\begin{cases} x_3=2-\dfrac{3}{2}x_1+\dfrac{1}{2}x_4 \\ x_2=4+\dfrac{1}{2}x_1-\dfrac{1}{2}x_4 \end{cases}$$

图 2.11 中的二个箭头分别（定性地）表示当前的基变量 x_2 和 x_3 的大小。

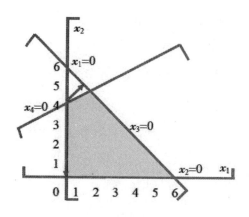

图 2.11

将基变量 $x_2=4+\dfrac{1}{2}x_1-\dfrac{1}{2}x_4$ 代入目标函数 $z=x_1+3x_2$，消去目标函数中的基变量 x_2

$$\begin{cases} z=x_1+3\left(4+\dfrac{1}{2}x_1-\dfrac{1}{2}x_4\right)=12+\dfrac{5}{2}x_1-\dfrac{3}{2}x_4 \\[2mm] x_3=2-\dfrac{3}{2}x_1+\dfrac{1}{2}x_4 \\[2mm] x_2=4+\dfrac{1}{2}x_1-\dfrac{1}{2}x_4 \end{cases}$$

步骤 2：选择进基变量。x_1 进基，另一个非基变量 $x_4=0$ 保持不变。

步骤 3：确定离基变量。$\min\left\{2\Big/\dfrac{8}{2}\,,\ -\right\}=\dfrac{4}{3}$，当 $x_1=\dfrac{4}{3}$ 时，$x_3=0$ 离基。

这时新的基础可行解为：

$$(x_1,\ x_2,\ x_3,\ x_4)=\left(\dfrac{4}{3},\ \dfrac{14}{3},\ 0,\ 0\right),\ z'=\dfrac{46}{3},\ \text{对应于极点 } B\text{。}$$

第三次叠代：

步骤 1：基变量和目标函数用非基变量表示

$$\begin{cases} x_1+x_2=6-x_3 \\ -x_1+2x_2=8-x_4 \end{cases}$$

两式相加，消去第二式中的基变量 x_1，得到

$$\begin{cases} x_1+x_2=6-x_3 \\ 3x_2=14-x_3-x_4 \end{cases}$$

将第二个约束两边同除以 3，得到

$$\begin{cases} x_1+x_2=6-x_3 \\ x_2=\dfrac{14}{3}-\dfrac{1}{3}x_3-\dfrac{1}{3}x_4 \end{cases}$$

两式相减，消去第一式中的基变量 x_2，得到

$$\begin{cases} x_1=\dfrac{4}{3}-\dfrac{2}{3}x_3+\dfrac{1}{3}x_4 \\ x_2=\dfrac{14}{3}-\dfrac{1}{3}x_3-\dfrac{1}{3}x_4 \end{cases}$$

图 2.12 中的二个箭头分别表示当前的基变量 x_1 和 x_2 的大小。

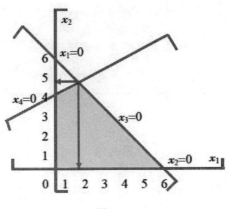

图 2.12

将以上基变量 x_1，x_2 代入目标函数 $z=x_1+3x_2$，消去目标函数中的基变量

x_1，x_2

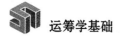

$$z=\left(\frac{4}{3}-\frac{2}{3}x_3+\frac{1}{3}x_4\right)+3\times\left(\frac{14}{3}-\frac{1}{3}x_3-\frac{1}{3}x_4\right)=\frac{46}{3}-\frac{5}{3}x_3-\frac{2}{3}x_4$$

步骤 2：选择进基变量。由于目标函数中非基变量 x_3，x_4 的系数都是负数，它们中任何一个进基都不能使目标函数增加。已获得最优解。

$$(x_1,\ x_2,\ x_3,\ x_4)=\left(\frac{4}{3},\ \frac{14}{3},\ 0,\ 0\right),\ \max z=\frac{46}{3}$$

原问题的解为：

$$(x_1,\ x_2,\ x_3,\ x_4)=\left(\frac{4}{3},\ \frac{14}{3},\ 0,\ 0\right),\ \max z=\frac{46}{3}。$$

例 2.10 目标函数无界的情况

$\min z=-x_1-2x_2$

$$s.t.\begin{cases}-x_1+x_2\leqslant 1\\x_2\leqslant 2\\x_1,\ x_2\geqslant 0\end{cases}$$

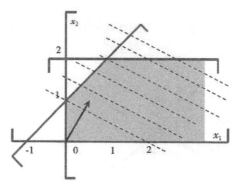

图 2.13

引进松弛变量 x_3，x_4

$\min z'=x_1+2x_2$

$$s.t.\begin{cases}-x_1+x_2+x_3=1\\x_2+x_4=2\\x_1,\ x_2,\ x_3,\ x_4\geqslant 0\end{cases}$$

第一次叠代：

步骤 1：取初始可行基，x_3，x_4 为基变量，x_1，x_2 为非基变量。将基变量和目标函数用非基变量表出：

$$\begin{cases} z'=x_1+2x_2 \\ x_3=1+x_1-x_2 \\ x_4=2-x_2 \end{cases}$$

当非基变量 x_1，$x_2=0$ 时，相应的基变量和目标函数值为 $x_3=1$，$x_4=2$，$z=0$，得到当前的基础可行解：

$$(x_1,\ x_2,\ x_3,\ x_4)=(0,\ 0,\ 1,\ 2),\ z'=0$$

这个解对应于极点 O。

步骤 2：选择进基变量。在目标函数

$$z'=x_1+2x_2$$

中，非基变量 x_1，x_2 的系数都是正数，因此 x_1，x_2 进基都可以使目标函数 z' 增加，但 x_2 的系数为 2，比 x_1 的系数 1 大，因此 x_2 进基可以使目标函数 z' 增加更快。选择 x_2 进基，使 x_2 的值从 0 开始增加，另一个非基变量 $x_1=0$ 保持不变。

步骤 3：确定离基变量。在约束条件

$$\begin{cases} z'=x_1+2x_2 \\ x_3=1+x_1-x_2 \\ x_4=2-x_2 \end{cases}$$

中，由于进基变量 x_2 在两个约束条件中的系数都是负数，当 x_2 的值从 0 开始增加时，基变量 x_3，x_4 的值分别从当前的值 1 和 2 开始减小，当 x_2 增加到 1 时，x_3 首先下降为 0 成为非基变量。这时，新的基变量为 x_2，x_4，新的非基变量为 x_1，x_3，当前的基础可行解和目标函数值为：

$$(x_1, x_2, x_3, x_4) = (0, 1, 0, 1), z' = 2$$

对应于极点 C。

第二次叠代：

步骤 1：将当前的基变量 x_2，x_4 用当前的非基变量 x_1，x_3 表示：

$$\begin{cases} x_2 = 1 + x_1 - x_3 \\ x_2 + x_4 = 2 \end{cases}$$

消去第二个约束中的基变量 x_2，得到

$$\begin{cases} x_2 = 1 + x_1 - x_3 \\ x_4 = 1 - x_1 + x_3 \end{cases}$$

将第一个约束 $x_2 = 1 + x_1 - x_3$ 代入目标函数 $z' = x_1 + 2x_2$，得到目标函数用当前非基变量表示的形式：

$$z' = x_1 + 2(1 + x_1 - x_3) = 2 + 3x_1 - 2x_3$$

步骤 2：选择进基变量。在目标函数 $z' = 2 + 3x_1 - 2x_3$ 中，只有非基变量 x_1 的值增加可以使目标函数 z' 增加，故选择非基变量 x_1 进基，另一个非基变量 $x_3 = 0$ 保持不变。

步骤 3：确定离基变量。从约束条件

$$\begin{cases} x_2 = 1 + x_1 - x_3 \\ x_4 = 1 - x_1 + x_3 \end{cases}$$

可以看出，当进基变量 x_1 从 0 开始增加时，基变量 x_4 的值从 1 开始减小，另一个基变量 x_2 的值随 x_1 变化而增加。当 $x_1 = 1$ 时，基变量 $x_4 = 0$ 离基，这时新的基变量为 x_1，x_2，新的非基变量为 x_3，x_4。当前的基础可行解为：

$$(x_1, x_2, x_3, x_4) = (1, 2, 0, 0), z' = 5$$

这个解对应于极点 B。

第三次叠代：

步骤 1：将基变量 x_1，x_2 和目标函数 z' 分别用非基变量 x_3，x_4 表示：

$$\begin{cases} -x_1+x_2=1-x_3 \\ x_2=2-x_4 \end{cases}$$

第一个约束两边同乘以 -1，消去第一个约束条件中的 x_2，得到

$$\begin{cases} x_1=1+x_3-x_4 \\ x_2=2-x_4 \end{cases}$$

将以上两个基变量 x_1，x_2 代入目标函数 $z'=x_1+2x_2$，得到目标函数用当前非基变量表出的形式：

$$z'=\left(1+x_3-x_4\right)+2\left(2-x_4\right)=5+x_3-3x_4$$

步骤 2：选择进基变量。由于目标函数中非基变量 x_3 系数是正数，因此选取 x_3 为进基变量。但从约束条件可以看出，进基变量 x_3 的值增加时，基变量 x_1 的值增加，x_2 的值不变，因此进基变量 x_3 的值可以无限增加，目标函数值可以无限增加，可行域不封闭，且目标函数无界。

2.3.2 单纯形表

从上一节单纯形算法的描述中可以知道，单纯形算法的实质是将非基变量视为一组参数，并将目标函数和基变量都表示成由非基变量表示的形式，即 (2.2) 和 (2.3) 两式。这样就可以讨论当非基变量变化时，目标函数和基变量随之变化的情况。我们可以用一个矩阵来表示单纯形法迭代中所需要的全部信息，这就是所谓的单纯形表。

例 2.11 用单纯形表求解例 2.6 中的线性规划问题，标准形式为

$\max z=x_1+2x_2$

$$s.t. \begin{cases} x_1+x_2+x_3=3 \\ x_2+x_4=1 \\ x_1, \ x_2, \ x_3, \ x_4 \geq 0 \end{cases}$$

将目标函数中的变量移到等号左边

$$\max z - x_1 - 2x_2 = 0$$

$$s.t. \begin{cases} x_1+x_2+x_3=3 \\ x_2+x_4=1 \\ x_1, \ x_2, \ x_3, \ x_4 \geq 0 \end{cases}$$

写出系数矩阵。确定非基变量为 x_1，x_2，基变量为 x_3，x_4。将当前的基变量写在表的左侧。RHS（Right Hand Side）是"右边常数"的缩写。

下面的表就是线性规划的初始单纯形表。在以下单纯形表中，基变量 x_3，x_4 在目标函数中的系数都等于 0，基变量 x_3，x_4 在约束条件中的系数矩阵是一个单位矩阵。这是任何一张单纯形表必须满足的性质。具备了这些性质，单纯形表就实现了目标函数用非基变量表示，基变量用非基变量表示。

		1	2	0	0		
C_b	X_b	x_1	x_2	x_3	x_4	RHS	
0	x_3	1	1	1	0	3	3/1
0	x_4	0	[1]	0	1	1	1/1
σ_j		1	2	0	0	0	

非基变量在目标函数行中的系数称为非基变量的检验数。在单纯形表中，如果所有非基变量的检验数都不是正数（即全为负数或 0），该单纯形表为最优单纯形表。否则，选取检验数为最大正数的非基变量进基。

在上表中，x_2 的检验数为 2，大于 x_1 的检验数 1，选择 x_2 为进基变量，并计算右边常数与进基变量在约束条件中的系数的最小比值 $\min \{3/1, 1/1\} = 1$（两项比值写在单纯形表的右边），确定基变量 x_4 离基。

以进基列和离基行的交叉元素 1 为主元，进行旋转运算，将主元变成 1（本例中主元已经是 1），主元所在列的其他元素为 0，得到以下单纯形表：

		1	2	0	0		
C_b	X_b	x_1	x_2	x_3	x_4	RHS	
0	x_3	[1]	0	1	−1	2	2/1
2	x_2	0	1	0	1	1	—
	σ_j	1	0	0	−2	2	

用同样的法则确定 x_1 进基，x_3 离基，确定主元并进行旋转运算，得到以下单纯形表：

		1	2	0	0	
C_b	X_b	x_1	x_2	x_3	x_4	RHS
1	x_1	1	0	1	−1	2
2	x_2	0	1	0	1	1
	σ_j	0	0	−1	−1	4

非基变量 x_3，x_4 的检验数均为 −1，都小于 0，以上单纯形表已获得最优解。最优解为：$x_1=2$，$x_2=1$，$x_3=0$，$x_4=0$，$\max z=4$。

例 2.12 用单纯形表求解例 2.10 的线性规划问题，标准形式是

$$\max z=x_1+2x_2$$

$$s.t. \begin{cases} -x_1+x_2+x_3=1 \\ x_2+x_4=2 \\ x_1,\ x_2,\ x_3,\ x_4 \geqslant 0 \end{cases}$$

以 $[a_3,\ a_4]$ 为基（即以 x_3，x_4 为基变量）的单纯形表为

		1	2	0	0		
C_b	X_b	x_1	x_2	x_3	x_4	RHS	
0	x_3	−1	[1]	1	0	1	1/1
0	x_4	0	1	0	1	2	2/1
	σ_j	1	2	0	0	0	

x_2 进基，x_3 离基；以 1 为主元进行旋转运算

		1	2	0	0		
C_b	X_b	x_1	x_2	x_3	x_4	RHS	
2	x_2	-1	1	1	0	1	—
0	x_4	[1]	0	-1	1	1	1/1
σ_j		1	3	0	-2	0	-2

x_1 进基，x_4 离基；以 1 为主元进行旋转运算

		1	2	0	0		
C_b	X_b	x_1	x_2	x_3	x_4	RHS	
2	x_2	0	1	0	1	2	—
1	x_1	1	0	-1	1	1	—
σ_j		0	0	1	-3	-5	

由以上单纯形表可以看出，由于非基变量 x_3 的检验数等于 1 大于 0，故 x_3 可以作为进基变量，但此时进基变量在约束条件中的系数为 $\begin{bmatrix} 0 \\ -1 \end{bmatrix} \leqslant 0$，因此 x_3 可无限增加，目标函数无界。

在最优单纯形表中，在获得一个最优基以及相应的最优解后，我们还可以根据非基变量 x_j 的检验数是否等于 0 来判断这个最优解是否是唯一的最优解。在最优单纯形表中，如果所有非基变量的检验数全部小于 0，则相应的最优解是唯一的；如果某个非基变量 x_j 的检验数等于 0 并且这个非基变量在约束条件中的系数至少有一个为正值，这时仍可以将 x_j 进基，同时可以确定离基变量，但这一次基变换并不改变目标函数的值。这样就得到了目标函数值相同的两个不同的最优解，设这两个最优解分别为 X_1 和 X_2，容易验证，对任何 $0 \leqslant \lambda \leqslant 1$，$X = \lambda X_1 + (1-\lambda) X_2$ 都是最优解，并且有相同的目标函数值：

$$z = C^T X = C^T [\lambda X_1 + (1-\lambda) X_2] = \lambda C^T X_1 + (1-\lambda) C^T X_2 = \lambda z_0 + (1-\lambda) z_0 = z_0$$

例 2.13 多个最优解的问题。求解以下线性规划问题

$\max z = -2x_1 + 2x_2$

$$s.t. \begin{cases} -x_1+x_2 \leqslant 1 \\ x_2 \leqslant 2 \\ x_1, \ x_2 \geqslant 0 \end{cases}$$

引进松弛变量 x_3，x_4，列出初始单纯形表并按单纯形算法继续运行：

		-2	2	0	0		
C_b	X_b	x_1	x_2	x_3	x_4	RHS	
0	x_3	-1	[1]	1	0	1	1/1
0	x_4	0	1	0	1	2	2/1
σ_j		-2	2	0	0	0	

x_2 进基，x_3 离基

		-2	2	0	0		
C_b	X_b	x_1	x_2	x_3	x_4	RHS	
2	x_2	-1	1	1	0	1	—
0	x_4	[1]	0	-1	1	1	1/1
σ_j		0	0	-2	0	-2	

已获得最优解 $X_1 = (x_1, x_2, x_3, x_4)^T = (0, 1, 0, 1)^T$，$z=2$

但在最优单纯形表中，非基变量 x_1 的检验数等于 0，因此还可以将 x_1 进基，x_4 离基，再进行一次基变换，得到以下单纯形表：

		-2	2	0	0	
C_b	X_b	x_1	x_2	x_3	x_4	RHS
2	x_2	0	1	0	1	2
-2	x_1	1	0	-1	1	1
σ_j		0	0	-2	0	-2

得到新的基以及新的最优解：

$$X_2 = (x_1, x_2, x_3, x_4)^T = (1, 2, 0, 0)^T, \ z=2$$

4 维空间中这两个点 X_1，X_2 以及它们连线上的点都是最优解。最优解集可以表示为：

$$X = tX_1 + (1-t) X_2 = t\begin{bmatrix} 0 \\ 1 \\ 0 \\ 1 \end{bmatrix} + (1-t)\begin{bmatrix} 1 \\ 2 \\ 0 \\ 0 \end{bmatrix} = \begin{bmatrix} 1-t \\ 2-t \\ 0 \\ t \end{bmatrix} \quad (0 \leqslant t \leqslant 1)$$

综上所述，单纯形算法（极小化问题）可以用图 2.14 表示。

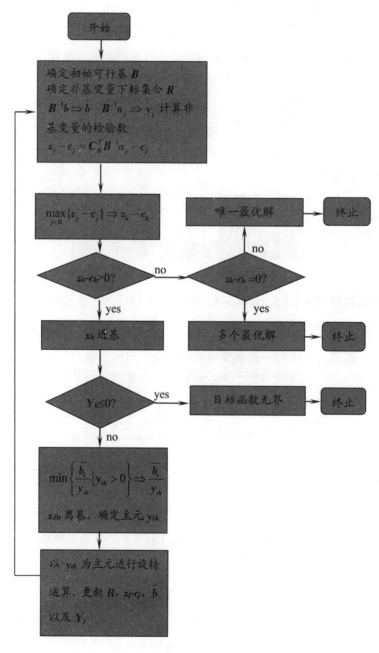

图 2.14

为了熟练掌握单纯形表的计算，再举两个例子。

例 2.14 用单纯形表求以下线性规划问题的最优解。

$$\max z = 2x_1 + 3x_2 + x_3$$

$$s.t. \begin{cases} x_1 + 3x_2 + x_3 \leqslant 15 \\ 2x_1 + 3x_2 - x_3 \leqslant 18 \\ x_1 - x_2 + x_3 \leqslant 3 \\ x_1, \ x_2, \ x_3 \geqslant 0 \end{cases}$$

目标函数转变为极大化，引进松弛变量：

$$\max z = 2x_1 + 3x_2 + x_3$$

$$s.t. \begin{cases} x_1 + 3x_2 + x_3 + x_4 = 15 \\ 2x_1 + 3x_2 - x_3 + x_5 = 18 \\ x_1 - x_2 + x_3 + x_6 = 3 \\ x_1, \ x_2, \ x_3, \ x_4, \ x_5, \ x_6 \geqslant 0 \end{cases}$$

列出单纯形表

		2	3	1	0	0	0		
C_B	X_B	x_1	x_2	x_3	x_4	x_5	x_6	RHS	
0	x_4	1	[3]	1	1	0	0	15	15/3
0	x_5	2	3	−1	0	1	0	18	18/3
0	x_6	1	−1	1	0	0	1	3	—
σ_j		2	3	1	0	0	0	0	

x_2 进基，x_4 离基，$y_{12}=3$ 为主元

		2	3	1	0	0	0		
C_B	X_B	x_1	x_2	x_3	x_4	x_5	x_6	RHS	
3	x_2	1/3	1	1/3	1/3	0	0	5	5/1/3
0	x_5	[1]	0	−2	−1	1	0	3	3/1
0	x_6	4/3	0	4/3	1/3	0	1	8	8/4/3
σ_j		1	0	0	−1	0	0	15	

x_1 进基，x_5 离基，$y_{21}=1$ 为主元

C_B	X_B	2	3	1	0	0	0		
		x_1	x_2	x_3	x_4	x_5	x_6	RHS	
3	x_2	0	1	1	2/3	–1/3	0	4	4/1
2	x_1	1	0	–2	–1	1	0	3	—
0	x_6	0	0	[4]	5/3	–4/3	1	4	4/4
	σ_j	0	0	2	0	–1	0	18	

x_3 进基，x_6 离基，$y_{33}=4$ 为主元

	z'	2	3	1	0	0	0	
		x_1	x_2	x_3	x_4	x_5	x_6	RHS
3	x_2	0	1	0	1/4	0	–1/4	3
2	x_1	1	0	0	–1/6	1/3	1/2	5
1	x_3	0	0	1	5/12	–1/3	1/4	1
	σ_j	0	0	0	–5/6	–1/3	–1/2	20

得到最优解：$x_1=5$，$x_2=3$，$x_3=1$。最优目标函数值 $\max z=20$。

例 2.15 用单纯形表求以下线性规划问题的最优解。

$$\max z=x_1+2x_2+x_3$$

$$s.t. \begin{cases} x_1+x_2+x_3 \leqslant 12 \\ 2x_1+3x_2+x_3 \leqslant 18 \\ -x_1+x_2+x_3 \leqslant 24 \\ x_1,\ x_2,\ x_3 \geqslant 0 \end{cases}$$

目标函数转化为极大化，引进松弛变量，使约束条件转变为等式：

$$\max z=x_1+2x_2+x_3$$

$$s.t. \begin{cases} x_1+x_2+x_3+x_4=12 \\ 2x_1+3x_2+x_3+x_5=18 \\ -x_1+x_2+x_3+x_6=24 \\ x_1,\ x_2,\ x_3,\ x_4,\ x_5,\ x_6 \geqslant 0 \end{cases}$$

列出单纯形表

		1	2	1	0	0	0		
C_B	X_B	x_1	x_2	x_3	x_4	x_5	x_6	RHS	
0	x_4	1	1	1	1	0	0	12	12/1
0	x_5	2	[3]	1	0	1	0	18	18/3
0	x_6	−1	1	1	0	0	1	24	24/1
σ_j		1	2	1	0	0	0	0	

x_2 进基，x_5 离基

		1	2	1	0	0	0		
C_B	X_B	x_1	x_2	x_3	x_4	x_5	x_6	RHS	
0	x_4	1/3	0	[2/3]	1	−1/3	0	6	6/2/3
2	x_2	2/3	1	1/3	0	1/3	0	6	6/1/3
0	x_6	−5/3	0	2/3	0	−1/3	1	18	18/2/3
σ_j		−1/3	0	1/3	0	−2/3	0	12	

x_3 进基，x_4 离基

		1	2	1	0	0	0	
C_B	X_B	x_1	x_2	x_3	x_4	x_5	x_6	RHS
1	x_3	1/2	0	1	3/2	−1/2	0	9
2	x_2	1/2	1	0	−1/2	1/2	0	3
0	x_6	−2	0	0	−1	0	1	12
σ_j		−1/2	0	0	−1/2	−1/2	0	15

最优解为 $x_1=0$，$x_2=3$，$x_3=9$，$x_4=0$，$x_5=0$，$x_6=12$，$\max z=15$。

2.4　单纯形法的进一步讨论

2.4.1　初始基础可行解——两阶段法

在以上单纯形算法描述中，没有指明如何取得一个初始基础可行解。对于简单的问题，只要做一些试算就可以确定选定的一个基是否是可行基。但对于规模稍大的问题，用试算的方法就很困难了，必须有一个初始可行基的系统化方法。当用系统的初始可行解方法不能求得任何初始基础可行解时，就可以得出线性规划问题无解的结论。

对于标准形式的问题

$$\max z = C^T X$$

$$s.t. \begin{cases} AX = b \\ X \geq 0 \end{cases}$$

当 $b \geq 0$ 时，如果矩阵 A 中包含一个单位矩阵，则很自然地取该单位矩阵作为初始可行基，这时基变量 $X_B = B^{-1}b \geq 0$，因而必定是初始可行基。

在以上的例子中，问题的约束条件全为"小于等于"约束，并且右边常数全部大于等于 0，对于这一类问题，化为标准问题时在每个约束中添加的松弛变量恰构成一个单位矩阵，这个单位矩阵就可以作为初始可行基。

当标准形式问题的 A 矩阵中不含有单位矩阵或虽含有单位矩阵但 b 不全为非负时，无法获得一个初始的可行基。

例 2.16 设一线性规划问题的约束为

$$\begin{cases} x_1 + x_2 + x_3 \leq 6 \\ -2x_1 + 3x_2 + 2x_3 \geq 3 \\ x_1, \ x_2, \ x_3 \geq 0 \end{cases}$$

引进松弛变量 x_4, $x_5 \geq 0$，得到

$$\begin{cases} x_1 + x_2 + x_3 + x_4 = 6 \\ -2x_1 + 3x_2 + 2x_3 - x_5 = 3 \\ x_1, \ x_2, \ x_3, \ x_4, \ x_5 \geq 0 \end{cases}$$

基中不包含单位矩阵，因此无法直接获得初始可行基。

例 2.17 设一线性规划问题的约束为

$$\begin{cases} x_1 + x_2 - 2x_3 \leq -3 \\ -2x_1 + x_2 + 3x_3 \leq 7 \\ x_1, \ x_2, \ x_3 \geq 0 \end{cases}$$

引进松弛变量 x_4, $x_5 \geq 0$，得到

$$\begin{cases} x_1+x_2-2x_3+x_4=-3 \\ -2x_1+x_2+3x_3+x_5=7 \\ x_1,\ x_2,\ x_3,\ x_4,\ x_5 \geq 0 \end{cases}$$

其中虽然含有单位矩阵，但右边常数中出现负值，因此也不能直接获得初始可行基。

对于不能直接获得初始可行基的问题，可以用引进人工变量（Artificial Variables）的方法构造一个人工基作为初始可行基。

设问题的约束条件为：

$$AX=b$$

$$X \geq 0 \qquad\qquad （2-1）$$

其中 $X=(x_1,\ x_2,\ \cdots,\ x_n)^T$。引进人工变量 $X_a=(x_{n+1},\ x_{n+2},\ \cdots,\ x_{n+m})^T$，约束（2-1）成为

$$AX+X_a=b$$

$$X,\ X_a \geq 0 \qquad\qquad （2-2）$$

或写为

$$\begin{bmatrix} A & I \end{bmatrix}\begin{bmatrix} X \\ X_a \end{bmatrix}=b$$

$$X,\ X_a \geq 0 \qquad\qquad （2-3）$$

这样，（2-3）的约束中就出现了一个单位矩阵，因而（2-3）有一个基础可行解 $X=0$，$X_a=b$。但 $X=0$ 并不是（2-1）的可行解，即（2-1）和（2-3）并不等价。（2-3）的基础可行解 $(X,\ X_a)^T$ 中的 X 要满足（2-1），当且仅当（2-3）的基全部包含在 A 矩阵中，即 $X_a=0$ 全部成为非基变量。为了得到（2-1）的一个可行基，可以对（2-3）的初始可行基（人工基）进行基变换，设法迫使人工基中的列向量离基，最终获得全部包含在 A 矩阵中的一个基，从而也就获得了（2-1）的一个可行基。

根据以上思路，我们构造以下的两阶段法：

设线性规划问题为

$$\max z = C^T X_{n+i}$$

$$s.t. \begin{cases} AX = b \\ X \geqslant 0 \end{cases} \tag{2-4}$$

第一阶段：引进人工变量 $X_a = (x_{n+1}, \ x_{n+2}, \ \cdots, \ x_{n+m})^T$，构造辅助问题

$$\max z' = \sum_{i=1}^{m} x_{n+i}$$

$$s.t. \begin{cases} AX + X_a = b \\ X, \ X_a \geqslant 0 \end{cases} \tag{2-5}$$

求解辅助问题。若辅助问题的最优基 B 全部在 A 中，即 X_a 全部是非基变量（$\min z = 0$），则 B 为（2-4）的一个可行基。转第二阶段。若辅助问题的最优目标函数值 $\min z' > 0$，则至少有一个人工变量留在第一阶段问题最优解的基变量中，这时（2-4）无可行解。

第二阶段：以第一阶段（2-5）的最优基 B 作为（2-4）的初始可行基，求解（2-4），得到（2-4）的最优基和最优解。

例 2.18 求解以下线性规划问题

$$\min z = x_1 - 2x_2$$

$$s.t. \begin{cases} x_1 + x_2 \geqslant 2 \\ -x_1 + x_2 \geqslant 1 \\ x_2 \leqslant 3 \\ x_1, \ x_2 \geqslant 0 \end{cases}$$

引进松弛变量 x_3, x_4, $x_5 \geqslant 0$，得到

$$\max z' = -x_1 + 2x_2$$

$$s.t. \begin{cases} x_1+x_2-x_3=2 \\ -x_1+x_2-x_4=1 \\ x_2+x_5=3 \\ x_1,\ x_2,\ x_3,\ x_4,\ x_5 \geqslant 0 \end{cases}$$

增加人工变量 x_6，$x_7 \geqslant 0$，构造辅助问题，并进入第一阶段求解。

$$\max z'' = -x_6-x_7$$

$$s.t. \begin{cases} x_1+x_2-x_3+x_6=2 \\ -x_1+x_2-x_4+x_7=1 \\ x_2+x_5=3 \\ x_1,\ x_2,\ x_3,\ x_4,\ x_5,\ x_6,\ x_7 \geqslant 0 \end{cases}$$

写出辅助问题的系数矩阵表：

		0	0	0	0	0	−1	−1		
C_B	X_B	x_1	x_2	x_3	x_4	x_5	x_6	x_7	RHS	
−1	x_6	1	1	−1	0	0	1	0	2	2/1
−1	x_7	−1	1	0	−1	0	0	1	1	1/1
0	x_5	0	1	0	0	1	0	0	3	3/1
σ_i		0	2	−1	−1	0	0	0	0	

x_2 进基，x_7 离基

		0	0	0	0	0	−1	−1		
C_B	X_B	x_1	x_2	x_3	x_4	x_5	x_6	x_7	RHS	
−1	x_6	[2]	0	−1	1	0	1	−1	1	1/2
0	x_2	−1	1	0	−1	0	0	1	1	—
0	x_5	1	0	0	1	1	1	−1	2	2/1
σ_i		2	0	−1	1	0	0	−2	1	

x_1 进基，x_6 离基

		0	0	0	0	0	−1	−1	
C_B	X_B	x_1	x_2	x_3	x_4	x_5	x_6	x_7	RHS
0	x_1	1	0	−1/2	1/2	0	1/2	−1/2	1/2
0	x_2	0	1	−1/2	−1/2	0	1/2	1/2	3/2
0	x_5	0	0	1/2	1/2	1	−1/2	−1/2	3/2
σ_i		0	0	0	0	0	−1	−1	0

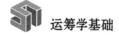 运筹学基础

至此，已获得第一阶段最优解，$z'' =0$，人工变量 x_6、x_7 均已离基，最优基 $B=[a_1,\ a_2,\ a_5]$，因而可以转入第二阶段。

在第一阶段最优单纯形表换入原问题的目标函数，去掉人工变量 x_6、x_7 以及相应的列，得到第二阶段的系数矩阵表：

		-1	2	0	0	0		
C_B	X_B	x_1	x_2	x_3	x_4	x_5	RHS	
-1	x_1	1	0	-1/2	1/2	0	1/2	1
2	x_2	0	1	-1/2	-1/2	0	3/2	—
0	x_5	0	0	1/2	1/2	1	3/2	3
σ_i		0	0	1/2	3/2	0	5/2	

x_4 进基，x_1 离基，得到：

		-1	2	0	0	0		
C_B	X_B	x_1	x_2	x_3	x_4	x_5	RHS	
0	X_4	2	0	-1	1	0	1	—
2	X_2	1	1	-1	0	0	2	—
0	X_5	-1	0	[1]	0	1	1	1/1
σ_i		-3	0	2	0	0	-4	

x_3 进基，x_5 离基，得到：

		-1	2	0	0	0	
C_B	X_B	x_1	x_2	x_3	x_4	x_5	RHS
0	X_4	1	0	0	1	1	2
2	X_2	0	1	0	0	1	3
0	X_3	-1	0	1	0	1	1
σ_i		-1	0	0	0	-2	6

原问题的最优解为 $X=(x_1,\ x_2,\ x_3,\ x_4,\ x_5)^T=(0,\ 3,\ 1,\ 2,\ 0)^T$，$\max z' =6$，所以 $\max z=-6$。

这个问题求解的两个阶段前后经历 5 个基 O，A，B，C，D，经过 4 次基变换 O→A，A→B，B→C，C→D，基叠代经过的路线如上图所示。其中前两次叠代 O→A，A→B 是在第一阶段中完成的，后两次叠代 B→C，C→D 是在第二阶段中完成的。从上图可以看出，第一阶段是在

原问题的可行域外部进行基变换，第一阶段结束后进入可行域，第二阶段则是从可行域内部的一个极点 B（原问题的一个可行基）开始，在可行域内部进行基变换。

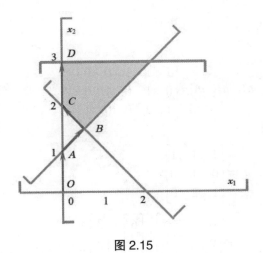

图 2.15

2.4.2　退化和循环

定义 2.8 退化的基础可行解

设 $X=(x_1, x_2, \cdots, x_i, \cdots, x_m, x_{m+1}, x_{m+2}, \cdots, x_n)^T$ 是线性规划的一个基础可行解，其中 $x_1, x_2, \cdots, x_i, \cdots, x_m$ 是基变量。如果其中至少有一个基变量 $x_i=0$（$i=1, 2, \cdots, m$），则称此基础可行解是退化的。

例 2.19 对于以下的线性规划问题

$\min z=-2x_1-x_2$

$$s.t. \begin{cases} x_1+x_2 \leqslant 6 \\ x_2 \leqslant 3 \\ x_1+2x_2 \leqslant 9 \\ x_1, \ x_2 \geqslant 0 \end{cases}$$

引进松弛变量 $x_3, x_4, x_5 \geqslant 0$，得到

$$\max z' = 2x_1 + x_2$$

$$s.t. \begin{cases} x_1 + x_2 + x_3 = 6 \\ x_2 + x_4 = 3 \\ x_1 + 2x_2 + x_5 = 9 \\ x_1, \ x_2, \ x_3, \ x_4, \ x_5 \geqslant 0 \end{cases}$$

其中

$$A = [a_1, \ a_2, \ a_3, \ a_4, \ a_5] = \begin{bmatrix} 1 & 1 & 1 & 0 & 0 \\ 0 & 1 & 0 & 1 & 0 \\ 1 & 2 & 0 & 0 & 1 \end{bmatrix}$$

对于基

$$B_1 = [a_1, \ a_2, \ a_3] = \begin{bmatrix} 1 & 1 & 1 \\ 0 & 1 & 0 \\ 1 & 2 & 0 \end{bmatrix}$$

$$X_{B_1} = B^{-1}b = \begin{bmatrix} x_1 \\ x_2 \\ x_3 \end{bmatrix} = \begin{bmatrix} 0 & -2 & 1 \\ 0 & 1 & 0 \\ 1 & 1 & -1 \end{bmatrix} \cdot \begin{bmatrix} 6 \\ 3 \\ 9 \end{bmatrix} = \begin{bmatrix} 3 \\ 3 \\ 0 \end{bmatrix}$$

是一退化的基础可行解，即

$$X_1 = (x_1, \ x_2, \ x_3, \ x_4, \ x_5)^T = (3, \ 3, \ 0, \ 0, \ 0)^T。$$

同样，对于基

$$B_2 = [a_1, \ a_2, \ a_4]$$

相应的基础可行解为

$$X_{B_2} = \begin{bmatrix} x_1 \\ x_2 \\ x_4 \end{bmatrix} = \begin{bmatrix} 3 \\ 3 \\ 0 \end{bmatrix}, \ X_{N_2} = \begin{bmatrix} x_3 \\ x_5 \end{bmatrix} = \begin{bmatrix} 0 \\ 0 \end{bmatrix}$$

即 $X_2 = (x_1, \ x_2, \ x_3, \ x_4, \ x_5)^T = (3, \ 3, \ 0, \ 0, \ 0)^T$

再看基 $B_3 = [a_1, \ a_2, \ a_5]$

相应的基础可行解为

$$X_{B_3} = \begin{bmatrix} x_1 \\ x_2 \\ x_5 \end{bmatrix} = \begin{bmatrix} 3 \\ 3 \\ 0 \end{bmatrix}, \quad X_{N_3} = \begin{bmatrix} x_3 \\ x_4 \end{bmatrix} = \begin{bmatrix} 0 \\ 0 \end{bmatrix}$$

即 $X_3 = (x_1, x_2, x_3, x_4, x_5)^T = (3, 3, 0, 0, 0)^T$

由此可见，以上三个不同的基对应于可行域中同一个极点，由图 2.16 可以看出，退化的极点是由若干个不同的极点在特殊情况下合并成一个极点（图中的极点 B）而形成的。

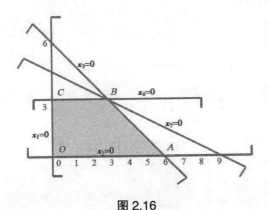

图 2.16

退化的结构对单纯形叠代会有不利的影响。当叠代进入一个退化极点时，可能出现以下情况：

（1）进行进基、离基变换后，虽然改变了基，但没有改变极点，目标函数当然也不会改进。进行若干次基变换后，才脱离退化极点，进入其他极点。这种情况会增加叠代次数，使单纯形法收敛的速度减慢。

（2）在十分特殊的情况下，退化会出现基的循环，一旦出现这样的情况，单纯形叠代将永远停留在同一极点上，因而无法求得最优解。

下面以例 2.19 为例，说明退化对叠代的影响。

$\min z = -2x_1 - x_2$

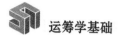

$$s.t. \begin{cases} x_1+x_2 \leqslant 6 \\ x_2 \leqslant 3 \\ x_1+2x_2 \leqslant 9 \\ x_1, \ x_2 \geqslant 0 \end{cases}$$

引进松弛变量 x_3, x_4, $x_5 \geqslant 0$, 得到

$$\max z' = 2x_1 + x_2$$

$$s.t. \begin{cases} x_1+x_2+x_3=6 \\ x_2+x_4=3 \\ x_1+2x_2+x_5=9 \\ x_1, \ x_2, \ x_3, \ x_4, \ x_5 \geqslant 0 \end{cases}$$

单纯形表的叠代如下，为了说明问题，第一次叠代中选择 x_2 进基而不是 x_1 进基。

C_B	X_B	2	1	0	0	0		
		x_1	x_2	x_3	x_4	x_5	RHS	
0	x_3	1	1	1	0	0	6	6/1
0	x_4	0	[1]	0	1	0	3	3/1
0	x_5	1	2	0	0	1	9	9/2
σ_j		2	1	0	0	0	0	

x_2 进基，x_4 离基

C_B	X_B	2	1	0	0	0		
		x_1	x_2	x_3	x_4	x_5	RHS	
0	x_3	1	0	1	-1	0	3	3/1
1	x_2	0	1	0	1	0	3	—
0	x_5	[1]	0	0	-2	1	3	3/1
σ_j		2	0	0	-1	0	3	

x_1 进基，在选择离基变量时，有两项比值相同，即 x_3 和 x_5 都可以选为离基变量，不妨选 x_5 离基。从下表可以看到，凡出现有多个变量可被选为离基变量时，下一次叠代必定获得一退化的基础可行解。

C_B	X_B	2	1	0	0	0		
		x_1	x_2	x_3	x_4	x_5	RHS	
0	x_3	0	0	1	[1]	−1	0	0/1
1	x_2	0	1	0	1	0	3	3/1
2	x_1	1	0	0	−2	1	3	3/1
σ_i		0	0	0	3	−2	9	

x_4 进基，x_3 离基

C_B	X_B	2	1	0	0	0		
		x_1	x_2	x_3	x_4	x_5	RHS	
0	x_4	0	0	1	1	−1	0	—
1	x_2	0	1	−1	0	[1]	3	3/1
2	x_1	1	0	2	0	−1	3	—
σ_i		0	0	−3	0	1	9	

以上两次叠代虽然进行了基变换，但对应的极点相同，目标函数值没有变化，这就是退化对单纯形叠代次数的影响。

从上表可以看出，下一次叠代，x_5 进基，由于 $a_{15}=-1$，x_4 不再被选作离基变量，从而脱离退化极点。下一次叠代的单纯形表为：

C_B	X_B	2	1	0	0	0	
		x_1	x_2	x_3	x_4	x_5	RHS
0	x_4	0	1	0	1	0	3
0	x_5	0	1	−1	0	1	3
2	x_1	1	1	1	0	0	6
σ_i		0	−1	−2	0	0	12

现在已获得最优解。对照图 2.16，以上叠代的路径是 O→C→B→B→A，其中退化极点 B 在叠代中出现了两次。

在非常特殊的情况下，确实存在因退化而导致基的循环变换而不能脱离退化极点的情况。Beale 曾给出以下的例子：

例 2.20

$\min z = -3/4 x_4 + 20 x_5 - 1/2 x_6 + 6 x_7$

$$s.t. \begin{cases} x_1+1/4x_4-8x_5-x_6+9x_7=0 \\ x_2+1/2x_4-12x_5-1/2x_6+3x_7=0 \\ x_3+x_6=1 \\ x_1, \ x_2, \ x_3, \ x_4, \ x_5, \ x_6, \ x_7 \geqslant 0 \end{cases}$$

这个例子，从初始基 $B=[a_1, a_2, a_3]$ 开始，经过六次叠代，又回到初始基 B，在这六次叠代过程中，目标函数值始终保持为 0，没有任何改进。

一旦出现这种因退化而导致的基的循环，单纯形法就无法求得最优解，这是单纯形法的一个缺陷。值得庆幸的是，尽管退化的基础可行解是经常遇到的，但除了极个别人为精心构造的例子外（例 2.20），循环现象在实际问题中从未出现过。尽管如此，人们还是对如何防止出现循环做了大量研究。1952 年 Charnes 提出了"摄动法"，1954 年 Dantzig，Orden 和 Wolfe 又提出了"字典序法"。这些方法都比较复杂，同时也降低了叠代的速度。

1976 年，Bland 提出了一个避免循环的新方法，其原则十分简单，仅在选择进基变量和离基变量时做了以下规定：

（1）在选择进基变量时，在所有检验数 $z_j-c_j > 0$ 的非基变量中选取下标最小的进基；

（2）当有多个变量同时可作为离基变量时，选择下标最小的那个变量离基。

这样就可以避免出现循环。

当然，用 Bland 的方法，由于选取进基变量时不再考虑检验数 z_j-c_j 绝对值的大小，将会导致收敛速度的降低。

2.4.3　用两阶段法判定线性规划问题无可行解

在线性规划初始基础可行解的两阶段法中，如果辅助问题最优解的目标函数值 $\max z > 0$，则原问题没有可行解。这一论断可以证明如下：

设线性规划问题为

$$\max z = C^T X$$

$$s.t. \begin{cases} AX = b \\ X \geq 0 \end{cases}$$

增加人工变量 $X_a^T = (x_{a1} \cdots x_{ai} \cdots x_{am})$，构造辅助问题

$$\max z' = -\sum_{i=1}^{m} x_{ai}$$

$$s.t. \begin{cases} AX + X_a = b \\ X \geq 0 \end{cases}$$

设辅助问题有最优解，且最优解的目标函数值 $\max z' < 0$，而原问题有可行解 $X_F^T = (x_1 \cdots x_j \cdots x_n)$，则这个可行解必定满足 $AX_F = b$。构造一个辅助问题的解 $X^T = (X_F^T \quad X_a^T) = (x_1 \cdots x_j \cdots x_n \quad 0 \cdots 0 \cdots 0)$，即人工变量全等于零。这个解必定是辅助问题的可行解，并且这个解的辅助问题的目标函数值 z' 等于零。这与辅助问题最优解的目标函数值小于零矛盾。因此，如果辅助问题最优解的目标函数值小于零，则原问题无可行解。

辅助问题最优解的目标函数值小于零，最优解中至少有一个人工变量还留在基变量中，因此两阶段法中辅助问题最优解的基变量中至少包含一个人工变量，则线性规划问题没有可行解。

2.4.4　初始基础可行解——大 M 法

求初始基础可行解除了两阶段法以外，还可以用大 M 法。对于极大化的线性规划问题，大 M 法的基本步骤如下：

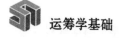

（1）引进松弛变量，使约束条件成为等式；

（2）如果约束条件的系数矩阵中不存在一个单位矩阵，则引进人工变量；

（3）在原目标函数中，加上人工变量，每个人工变量的系数为一个绝对值足够大的负数 $-M$；

（4）用单纯形表求解以上问题，如果这个问题的最优解中有人工变量是基变量，则原问题无可行解。如果最优解中所有人工变量都离基，则得到原问题的最优解。

例 2.21 对于以下线性规划问题

$\min z = 2x_1 + 3x_2 + x_3$

$$s.t. \begin{cases} 4x_1 + x_2 - x_3 \geq 16 \\ x_1 - 2x_2 + x_3 \geq 24 \\ x_1, \ x_2, \ x_3 \geq 0 \end{cases}$$

引进松弛变量 $x_4, \ x_5 \geq 0$

$\max z' = -2x_1 - 3x_2 - x_3$

$$s.t. \begin{cases} 4x_1 + x_2 - x_3 - x_4 = 16 \\ x_1 - 2x_2 + x_3 - x_5 = 24 \\ x_1, \ x_2, \ x_3, \ x_4, \ x_5 \geq 0 \end{cases}$$

引进人工变量 $x_6, \ x_7 \geq 0$，在目标函数中增加人工变量

$\max z' = -2x_1 - 3x_2 - x_3 - Mx_6 - Mx_7$

$$s.t. \begin{cases} 4x_1 + x_2 - x_3 - x_4 + x_6 = 16 \\ x_1 - 2x_2 + x_3 - x_5 + x_7 = 24 \\ x_1, \ x_2, \ x_3, \ x_4, \ x_5, \ x_6, \ x_7 \geq 0 \end{cases}$$

列出单纯形表

		-2	-3	-1	0	0	-M	-M		
C_B	X_B	x_1	x_2	x_3	x_4	x_5	x_6	x_7	RHS	
-M	x_6	[4]	1	-1	-1	0	1	0	16	16/4
-M	x_7	1	-2	1	0	-1	0	1	24	24/1
σ_j		-2+5M	-3-M	-1	-M	-M	0	0	0	

由于 M 是足够大的正数，因此 $-2+5M > 0$，x_1 进基，x_6 离基

		-2	-3	-1	0	0	-M	-M	
C_B	X_B	x_1	x_2	x_3	x_4	x_5	x_6	x_7	RHS
-2	x_1	1	1/4	-1/4	-1/4	0	1/4	0	4
-M	x_7	0	-9/4	[5/4]	1/4	-1	-1/4	1	20
z	1	0	$-\frac{9}{4}M-\frac{1}{2}$	$\frac{5}{4}M-\frac{3}{2}$	$\frac{1}{4}M-\frac{1}{2}$	-M	$-\frac{5}{4}M+\frac{1}{2}$	0	$-20M-8$

由于 $5/4M+1/2 > 0$，x_3 进基，x_7 离基

		-2	-3	-1	0	0	-M	-M	
C_B	X_B	x_1	x_2	x_3	x_4	x_5	x_6	x_7	RHS
-2	x_1	1	-1/5	0	-1/5	-1/5	1/5	1/5	8
-1	x_3	0	-9/5	1	1/5	-4/5	-1/5	4/5	16
z	1	0	-16/5	0	-1/5	-6/5	-M+1/5	-M-6/5	-32

由于 $-M+1/5 < 0$，$-M-6/5 < 0$，已获得最优解，最优解为：

$(x_1,\ x_2,\ x_3,\ x_4,\ x_5,\ x_6,\ x_7) = (8,\ 0,\ 16,\ 0,\ 0,\ 0,\ 0)$，$\min z=32$。

原问题的解为：$(x_1,\ x_2,\ x_3,\ x_4,\ x_5) = (8,\ 0,\ 16,\ 0,\ 0)$，$\min z=32$。

　　如果用两阶段法求解以上问题，可以发现，单纯形法叠代的次数和变量进基离基的次序完全相同，因此，两阶段法和大 M 法的实质是一样的。

　　各种不同的实际问题，目标函数中变量的系数大小可能相差很大，M 的取值要远远大于各种问题可能出现的最大的系数，它的取值在算法编程中往往难以确定，如果取一个足够大的 M（例如 $M=10^8$）又会引起较大的计算误差。由于大 M 法的这些缺点，大多数商业化的线性规划程序都不采用大 M 法而采用两阶段算法。

2.5　线性规划的应用

线性规划应用很多，对它的研究一般分为两个方面：一个是建立模型问题，即将实际问题归结成线性规划问题；另一个是对已有线性规划问题，研究其数学理论和求解方法。作为实际应用工作者，主要方向是如何把实际问题归结成线性规划问题，利用现成的方法和软件，快速求解出模型的最优解。下面简单地列举几个案例，有些问题后续章节还会进一步阐述。

2.5.1　排程问题

例 2.22 假定某单位每周 7 天，每天都需要干部值班。每个干部每 7 天内必须保证连续休息 2 天。该单位每天需要值班人数见表 2-3。

表 2-3

星期	一	二	三	四	五	六	日
天	7	6	8	5	4	8	9

问该单位配备干部至少多少名？

设星期 i 配备 x_i（1，2，…，7）名干部，则问题归结为求解下列线性规划问题：

$$\min z = x_1 + x_2 + x_3 + x_4 + x_5 + x_6 + x_7$$

$$s.t. \begin{cases} x_1 + x_2 + x_3 + x_4 + x_5 \geq 4 \\ x_2 + x_3 + x_4 + x_5 + x_6 \geq 8 \\ x_3 + x_4 + x_5 + x_6 + x_7 \geq 9 \\ x_1 + x_4 + x_5 + x_6 + x_7 \geq 7 \\ x_1 + x_2 + x_5 + x_6 + x_7 \geq 6 \\ x_1 + x_2 + x_5 + x_6 + x_7 \geq 8 \\ x_1 + x_2 + x_3 + x_4 + x_7 \geq 5 \\ x_1,\ x_2,\ x_3,\ x_4,\ x_5,\ x_6,\ x_7 \geq 0 \text{ 且是整数} \end{cases}$$

2.5.2 机器展开问题

这类问题的形式很多,我们也仅通过一个例子说明解决问题的途径。

例 2.23 某施工单位,有 12 台大型挖掘机在北面的两个工地上。由于工程指挥部有新的工作安排,要将它们重新布置在南面的三个新工地上。各工地的挖掘机数量和挖掘机由工地 i 开向新工地 j 所需时间为 t_{ij}(小时)见表 2–4,求最省时间的转移方案。

表 2–4

t_{ij}(小时)	新工地 1	新工地 2	新工地 3	挖掘机数
原工地 1	1	0.8	0.6	7
原工地 2	0.5	1.2	1	5
挖掘机数	3	4	5	12

设由原工地 i 开向新工地 j 的挖掘机数量为 x_{ij}(i=1,2;j=1,2,3),则令

$$z=\max t_{ij}(x_{ij})$$

是转移完成的时间。题设条件有:

$$\min z=\min\{\max t_{ij}(x_{ij})\}$$

$$s.t. \begin{cases} x_{11}+x_{12}+x_{13}=7 \\ x_{21}+x_{22}+x_{23}=5 \\ x_{11}+x_{21}=3 \\ x_{12}+x_{22}=4 \\ x_{13}+x_{23}=5 \\ x_{ij} \geqslant 0,且为整数,i=1,2;j=1,2,3 \end{cases}$$

2.5.3 运输问题

例 2.24 设某物资从两个供应仓库 A_1,A_2 运往三个需求单位 B_1,B_2,B_3。各供应地的供应量、各需求地的需求量、每个供应地到每个需求地的单位物资运价,见表 2–5。

表2–5

运价（元/吨）	B₁	B₂	B₃	供应量（吨）
A₁	2	3	5	35
A₂	4	7	8	25
需求量（吨）	10	30	20	

这个问题也可以用图 2.17 表示如下，其中节点 A₁、A₂ 表示发地，节点 B₁、B₂、B₃ 表示收地，从每一发地到每一收地都有相应的运输路线，共有 6 条不同的运输路线。

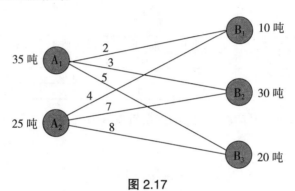

图 2.17

设 x_{ij} 为从供应地 A_i 运往需求地 B_j 的物资数量（$i=1$, 2; $j=1$, 2, 3），z 为总运费，则总运费最小的线性规划模型为：

$$\min z = 2x_{11} + 3x_{12} + 5x_{13} + 4x_{21} + 7x_{22} + 8x_{23}$$

$$s.t. \begin{cases} x_{11} + x_{12} + x_{13} = 35 & （1） \\ x_{21} + x_{22} + x_{23} = 25 & （2） \\ x_{11} + x_{21} = 10 & （3） \\ x_{12} + x_{22} = 30 & （4） \\ x_{13} + x_{23} = 20 & （5） \\ x_{ij} \geq 0 \end{cases}$$

以上约束条件（1）（2）称为供应地约束，（3）（4）（5）称为需求地约束。

2.5.4 搜索问题

例 2.25 为搜索目标，派出 n 类搜索组搜索 m 个目标。搜索组每类有若干个小分队。第 j 类搜索组搜索第 i 个目标时，所需装备为 a_{ij} 套（$i=1$，2，$\cdots$，m；$j=1$，2，$\cdots$，n），搜索组第 i 型装备量为 b_i（$i=1$，2，$\cdots$，m）套。每类小分队搜索花费的时间为 c_i（$j=1$，2，$\cdots$，n），试求使搜索总时间最少的各类搜索组的个数。

例如，设有 B_1，B_2，B_3，B_4，B_5，B_6 类搜索组，对 A_1，A_2，A_3，A_4 类目标进行搜索。对每类目标搜索所需工具 a_{ij}（$i=1$，2，$\cdots$，4；$j=1$，2，$\cdots$，6），如表 2-6 所示。各类工具数分别为 16，10，76，24，所需时间分别为 4，5，2，8，6，3（小时）。试求使搜索总时间最少的各类搜索组的个数。

表 2-6

B_j	B_1	B_2	B_3	B_4	B_5	B_6	总数量
C_j	4	5	2	8	6	3	
A_1	4			1			16
A_2		2			1		10
A_3			1	2	6		76
A_4	4	3				1	24

设 x_{ij} 为安排的第 j（$j=1$，2，$\cdots$，6）类搜索组个数，根据题设条件，我们可得目标函数和约束条件如下：

$$\max z = 4x_1 + 5x_2 + 2x_3 + 8x_4 + 6x_5 + 3x_6$$

$$s.t. \begin{cases} 4x_1 + x_4 = 16 \\ 2x_2 + x_5 = 10 \\ x_3 + 2x_4 + 6x_5 = 76 \\ 4x_1 + 3x_2 + x_6 = 24 \\ x_{ij} \geqslant 0，且为整数，i=1，2，\cdots，6 \end{cases}$$

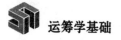

习 题

一、用图解法求解以下线性规划问题

1.$\max z = x_1 + 3x_2$

$$s.t. \begin{cases} x_1 + x_2 \leqslant 10 \\ -2x_1 + 2x_2 \leqslant 12 \\ x_1 \leqslant 7 \\ x_1, \ x_2 \geqslant 0 \end{cases}$$

2.$\max z = x_1 - 3x_2$

$$s.t. \begin{cases} 2x_1 - x_2 \leqslant 4 \\ x_1 + x_2 \geqslant 3 \\ x_2 \leqslant 5 \\ x_1 \leqslant 4 \\ x_1, \ x_2 \geqslant 0 \end{cases}$$

3.$\max z = x_1 + 2x_2$

$$s.t. \begin{cases} x_1 - x_2 \leqslant 1 \\ x_1 + 2x_2 \leqslant 4 \\ x_1 \leqslant 3 \\ x_1, \ x_2 \geqslant 0 \end{cases}$$

4.$\max z = x_1 + 3x_2$

$$s.t. \begin{cases} x_1 + x_2 \geqslant 4 \\ 2x_1 + 2x_2 \geqslant 4 \\ x_1, \ x_2 \geqslant 0 \end{cases}$$

5.$\max z = 2x_1 + 3x_2$

$$s.t. \begin{cases} 2x_1 + 2x_2 \leqslant 12 \\ x_1 + 2x_2 \leqslant 8 \\ 4x_1 \leqslant 16 \\ 4x_2 \leqslant 12 \\ x_1, \ x_2 \geqslant 0 \end{cases}$$

6.$\max z = 2x_1 + 5x_2$

$$s.t. \begin{cases} x_1 \leqslant 4 \\ 2x_2 \leqslant 6 \\ 3x_1 + 2x_2 \leqslant 18 \\ x_1,\ x_2 \geqslant 0 \end{cases}$$

二、在以下问题中，列出所有的基，指出其中的可行基，基础可行解以及最优解

$\max z = 2x_1 + x_2 - x_3$

$$s.t. \begin{cases} x_1 + x_2 + 2x_3 \leqslant 6 \\ x_1 + 4x_2 - x_3 \leqslant 4 \\ x_1,\ x_2,\ x_3 \geqslant 0 \end{cases}$$

三、对于以下的约束

$$s.t. \begin{cases} x_1 + 2x_2 \leqslant 6 \\ x_1 - x_2 \leqslant 4 \\ x_2 \leqslant 2 \\ x_1,\ x_2 \geqslant 0 \end{cases}$$

（1）画出该可行域，并求出各极点的坐标。

（2）从原点开始，从一个基础可行解移到下一个"相邻的"基础可行解，指出每一次叠代，哪个变量进基，哪个变量离基。

四、用单纯形法原理求解以下线性规划问题

$\max z = 3x_1 + 2x_2$

$$s.t. \begin{cases} 2x_1 - 3x_2 \leqslant 3 \\ -x_1 + x_2 \leqslant 5 \\ x_1,\ x_2 \geqslant 0 \end{cases}$$

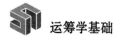

五、已知 $(x_1, x_2, x_3) = (4, 0, 4)$ 是以下线性规划问题的一个基础可行解，以这个基为初始可行基，求解这个线性规划问题

$$\max z = x_1 - 2x_2$$

$$s.t. \begin{cases} 3x_1 + 4x_2 = 12 \\ 2x_1 - x_2 \leqslant 12 \\ x_1, x_2 \geqslant 0 \end{cases}$$

六、用单纯形表求解以下线性规划问题

1. $\max z = x_1 - 2x_2 + x_3$

$$s.t. \begin{cases} x_1 + x_2 + x_3 \leqslant 12 \\ 2x_1 + x_2 - x_3 \leqslant 6 \\ -x_1 + 3x_2 \leqslant 9 \\ x_1, x_2, x_3 \geqslant 0 \end{cases}$$

2. $\max z = -2x_1 - x_2 + 3x_3 - 5x_4$

$$s.t. \begin{cases} x_1 + 2x_2 + 4x_3 - x_4 \leqslant 6 \\ 2x_1 + 3x_2 - x_3 + x_4 \leqslant 12 \\ x_1 + x_3 + x_4 \leqslant 4 \\ x_1, x_2, x_3, x_4 \geqslant 0 \end{cases}$$

3. $\max z = 3x_1 - x_2$

$$s.t. \begin{cases} -x_1 - 3x_2 \geqslant 3 \\ -2x_1 + 3x_2 \geqslant -6 \\ 2x_1 + x_2 \leqslant 8 \\ 4x_1 - x_2 \leqslant 16 \\ x_1, x_2 \geqslant 0 \end{cases}$$

4. $\max z = 3x_1 + 2x_2 + 5x_3$

$$s.t. \begin{cases} x_1 + 2x_2 + x_3 \leqslant 430 \\ 3x_1 + 2x_3 \leqslant 460 \\ x_1 + 4x_2 \leqslant 420 \\ x_1, x_2, x_3 \geqslant 0 \end{cases}$$

5.$\max z=3x_1+x_2+3x_3$

$$s.t.\begin{cases}2x_1+x_2+x_3\leqslant 2\\x_1+2x_2+3x_3\leqslant 5\\2x_1+2x_2+x_3\leqslant 6\\x_1,\ x_2,\ x_3\geqslant 0\end{cases}$$

七、用两阶段法求解以下线性规划问题

1.$\max z=x_1+3x_2+4x_3$

$$s.t.\begin{cases}3x_1+2x_2\leqslant 13\\x_2+3x_3\leqslant 17\\2x_1+x_2+x_3=13\\x_1,\ x_2,\ x_3\geqslant 0\end{cases}$$

2.$\max z=2x_1-x_2+x_3$

$$s.t.\begin{cases}x_1+x_2-2x_3\leqslant 8\\4x_1-x_2+x_3\leqslant 2\\2x_1+3x_2-x_3\geqslant 4\\x_1,\ x_2,\ x_3\geqslant 0\end{cases}$$

3.$\min z=x_1+3x_2-x_3$

$$s.t.\begin{cases}x_1+x_2+x_3\geqslant 3\\-x_1+2x_2\geqslant 2\\-x_1+5x_2+x_3\leqslant 4\\x_1,\ x_2,\ x_3\geqslant 0\end{cases}$$

4.$\min z=2x_1-x_2+2x_3$

$$s.t.\begin{cases}-x_1+x_2+x_3=4\\-x_1+x_2-x_3\leqslant 6\\x_1\leqslant 0,\ x_2\geqslant 0\\x_3\text{ 无限制}\end{cases}$$

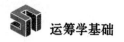

5.min$z=2x_1+2x_2$

$$s.t.\begin{cases} -x_1+x_2 \geqslant 1 \\ x_1+x_2 \leqslant -2 \\ x_1, \ x_2 \geqslant 0 \end{cases}$$

6.min$z=10x_1+15x_2+12x_3$

$$s.t.\begin{cases} 5x_1+3x_2+x_3 \leqslant 9 \\ -5x_1+6x_2+15x_3 \leqslant 15 \\ 2x_1+x_2+x_3 \geqslant 5 \\ x_1, \ x_2, \ x_3 \geqslant 0 \end{cases}$$

八、建立线性规划数学模型

1.某个大项活动在24小时内需保障的人员如下表。若每人连续工作8小时，问：如何安排才能以最少人数满足要求？

起止时间	需要保障的最少人数
2–6	4
6–10	8
10–14	10
14–18	7
18–22	12
22–2	4

2.某工厂在计划期内要安排生产甲、乙两种产品，这两种产品都需要经过车床和铣床的加工。已知每件甲产品在车床和铣床上所需加工时间分别为5小时和4小时，可获利润6元；每件乙产品在车床和铣床上所需加工时间分别为10小时和4小时，可获利润8元。又知，在计划期内车床和铣床的可利用工时分别为60小时和40小时。试拟定一个获得最大利润的生产计划。

3.某工厂在计划期内要安排生产甲、乙两种产品，已知生产单位产品所需的设备台时及A、B两种原材料的消耗如下表所示。该厂每生产一件产品甲可获利2元, 每生产一件产品乙可获利3元。求最大利润的生产计划。

	甲	乙	总计
设备（小时/件）	1	2	8
原材料 A（千克/件）	4	0	16
原材料 B（千克/件）	0	4	12

第 3 章　运输问题

运输是要改变物品的空间位置以创造其场所效用，它是物流活动中一个不可或缺的重要环节。随着社会和经济发展，运输变得越来越复杂，运输量有时非常巨大，科学组织运输可有效减少物流活动的成本，及时实现需要的物品空间位置的变动，以有效提升其空间价值。从广义上讲，运输问题是具有一定模型特征的线性规划问题。由于其系数矩阵具有特殊的结构，这就可能找到比一般单纯形法更简便高效的求解方法。

3.1　运输问题及其数学模型

3.1.1　运输问题的定义

设有同一种货物从 m 个供应地 1，2，$\cdots$，m 运往 n 个需求地 1，2，$\cdots$，n。第 i 个供应地的供应量（Supply）为 s_i（$s_i \geqslant 0$），第 j 个需求地的需求量（Demand）为 d_j（$d_j \geqslant 0$）。每单位货物从供应地 i 运到需求地 j 的成本为 c_{ij}。求一个使总成本最小的运输方案。如果从任一供应地到任一需求地都有道路通行，这样的运输问题称为完全的运输问题；如果总供应量等于总需求量，这样的运输问题称为供求平衡的运输问题。我们先考虑完全的、供求平衡的运输问题。图 3.1 是运输问题的网络表示形式。

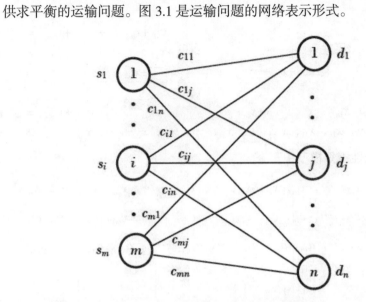

图 3.1　运输问题的网络表示形式

运输问题也可以用线性规划表示。设 x_{ij} 为从供应地 i 运往需求地 j 的运量，则总运费最小的线性规划问题如下式所示。

运输问题线性规划变量个数为 $n \times m$ 个，每个变量与运输网络的一条边对应，所有的变量都是非负的。约束个数为 $m + n$ 个，全部为等式约束。前 m 个约束是供应地的供应量约束，后 n 个约束是需求地的需求量约束。运输问题约束的特点是约束左边所有的系数都是 0 或 1，而且每一列中恰有两个系数是 1，其他都是 0。

$\min z = c_{11}x_{11} + c_{12}x_{12} + \cdots + c_{1n}x_{1n} + c_{21}x_{21} + c_{22}x_{22} + \cdots + c_{2n}x_{2n} + \cdots + c_{m1}x_{m1} + c_{m2}x_{m2} + \cdots + c_{mn}x_{mn}$

$$s.t. \quad \begin{aligned} x_{11} + x_{12} + \cdots + x_{1n} &\qquad\qquad\qquad\qquad\qquad &= \ s_1 \\ x_{21} + x_{22} + \cdots + x_{2n} &\qquad\qquad\qquad\qquad\qquad &= \ s_2 \\ &\cdots \\ &x_{m1} + x_{m2} + \cdots + x_{mn} &= \ s_m \\ x_{11} \qquad + x_{21} + \cdots \qquad\qquad + x_{m1} &= \ d_1 \\ x_{12} \qquad\qquad + x_{22} + \cdots \qquad + x_{m2} &= \ d_2 \\ &\cdots \\ x_{1n} \qquad\qquad + x_{2n} + \cdots \qquad\qquad + x_{mn} &= \ d_n \\ x_{11}, \ x_{12}, \ \cdots, \ x_{1n}, \ x_{21}, \ x_{22}, \ \cdots, \ x_{2n}, \ \cdots, \ x_{m1}, \ x_{m2}, \ \cdots, \ x_{mn} &\geqslant \ 0 \end{aligned}$$

在运输问题线性规划模型中，令

$$X = (x_{11}, \ x_{12}, \ \cdots, \ x_{1n}, \ x_{21}, \ x_{22}, \ \cdots, \ x_{2n}, \ \cdots\cdots, \ x_{m1}, \ x_{m2}, \ \cdots, \ x_{mn})^T$$

$$C = (c_{11}, \ c_{12}, \ \cdots, \ c_{1n}, \ c_{21}, \ c_{22}, \ \cdots, \ c_{2n}, \ \cdots\cdots, \ c_{m1}, \ c_{m2}, \ \cdots, \ c_{mn})^T$$

$$A = [a_{11}, \ a_{12}, \ \cdots, \ a_{1n}, \ a_{21}, \ a_{22}, \ \cdots, \ a_{2n}, \ \cdots\cdots, \ a_{m1}, \ a_{m2}, \ \cdots, \ a_{mn}]^T$$

$$= \begin{bmatrix} 1 & 1 & \cdots & 1 & & & & & & & & & & & & \\ & & & & 1 & 1 & \cdots & 1 & & & & & & & & \\ & & & & & & & & \cdots & \cdots & \cdots & \cdots & & & & \\ & & & & & & & & & & & & 1 & 1 & \cdots & 1 \\ 1 & & & & 1 & & & & & & & & 1 & & & \\ & 1 & & & & 1 & & & & & & & & 1 & & \\ & & \ddots & & & & \ddots & & & \ddots & & & & & \ddots & \\ & & & 1 & & & & 1 & & & & & & & & 1 \end{bmatrix} \begin{array}{l} m\,行 \\ \\ \\ n\,列 \end{array}$$

n列 n列 n列 n列

$$b = (s_1, \ s_2, \ \cdots, \ s_m, \ d_1, \ d_2, \ \cdots, \ d_n)^T$$

则运输问题的线性规划可以写成：

$$\max z = C^T X$$

$$s.t. \begin{cases} AX = b \\ X \geqslant 0 \end{cases}$$

A 矩阵中的行与运输网络中的节点对应，前 m 行对应于供应地，后 n 行对应于需求地，A 矩阵的列与运输网络中的边对应。

运输问题线性规划问题的系数矩阵 A 中，每一个列向量中只有两个元素是 1，其他元素都是 0。这两个 1 的位置和这个列向量相应的边有关，如果这条边是从供应地 i 到需求地 j，相应的列向量中第一个 1 位于矩阵的第 i 行，即对应于第 i 个供应节点，第二个 1 位于矩阵的第 $m+j$ 行，即对应于第 j 个需求节点。这个列向量可以表示为两个单位向量之和，即

$$a_{ij}= \begin{matrix} \text{第 } i \text{ 行} \rightarrow \\ \\ \text{第 } m+j \text{ 行} \rightarrow \end{matrix} \begin{bmatrix} 0 \\ 1 \\ \vdots \\ - \\ \vdots \\ 1 \\ 0 \end{bmatrix} = \begin{bmatrix} 0 \\ 1 \\ \vdots \\ \vdots \\ \vdots \\ 0 \\ 0 \end{bmatrix} + \begin{bmatrix} 0 \\ 0 \\ \vdots \\ \vdots \\ \vdots \\ 1 \\ 0 \end{bmatrix} = e_i + e_{m+j}$$

运输问题除了用网络表示及线性规划表示外，还可以用运输表表示。运输表是一个 m 行 n 列的表格，每一行对应于一个供应地，每一列对应于一个需求地，见表 3–1。运输表共有 $m \times n$ 个格子，每个格子对应于从一个供应地出发到一个需求地的运输路线。

表 3–1

	1	2	$\cdots$	n	
1	c_{11}　　x_{11}	c_{12}　　x_{12}	$\cdots$　$\cdots$	c_{1n}　　x_{1n}	s_1
2	c_{21}　　x_{21}	c_{22}　　x_{22}	$\cdots$	c_{2n}　　x_{2n}	s_2
$\cdots$	$\cdots$　　$\cdots$	$\cdots$　　$\cdots$		$\cdots$　　$\cdots$	$\cdots$
m	c_{m1}　　x_{m1}	c_{m2}　　x_{m2}	$\cdots$	c_{mn}　　x_{mn}	s_m
	d_1	d_2	$\cdots$	d_n	

表的第 i 行与第 j 列交叉的一格与网络的一条边对应（也就是与线性规划约束矩阵的一列对应），每一格的左上角小方格内的数字表明从相应的供应地 i 到需求地 j 的运价 c_{ij}，每一格右下角表明从相应的供应地 i 到需

求地 j 的运量 x_{ij}。表右方表明各供应地的供应量 s_i，表下方表明各需求地的需求量 d_j。每一行运量之和表示从该供应地运往各需求地的运量之和，它应该等于该供应地的供应量；同样，每一列运量之和表示从各供应地运往该需求地的运量之和，它应该等于该需求地的需求量。

运输问题的网络图、线性规划模型以及运输表之间的关系可以用下表表示，见表 3-2：

表 3-2

网络图		线性规划模型		运输表
节点	发点 i	约束	前 m 个约束	表的行
	收点 j		后 n 个约束	表的列
边	从节点 i 到节点 j	变量 x_{ij}，列向量 a_{ij}		表中的一格

例 3.1 以下的运输问题线性规划、网络图（图 3.5）和运输表（表 3-3）表示同一运输问题。

$$\min z = 8x_{11} + 5x_{12} + 6x_{13} + 7x_{21} + 4x_{22} + 9x_{23}$$

$$
\begin{aligned}
s.t. \quad & x_{11} + x_{12} + x_{13} && = 15 \\
& x_{21} + x_{22} + x_{23} && = 25 \\
& x_{11} + x_{21} && = 10 \\
& x_{12} + x_{22} && = 20 \\
& x_{13} + x_{23} && = 10 \\
& x_{11}, \; x_{12}, \; x_{13}, \quad x_{21}, \; x_{22}, \; x_{23} && \geq 0
\end{aligned}
$$

表 3-3

	1	2	3	
1	8 x_{11}	5 x_{12}	6 x_{13}	15
2	7 x_{21}	4 x_{22}	9 x_{23}	25
	10	20	10	

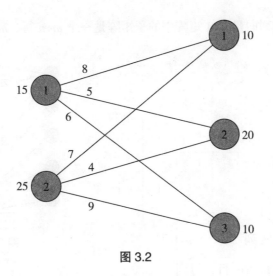

图 3.2

3.1.2 运输问题约束矩阵的性质

在运输问题的约束矩阵中

$$A = \begin{bmatrix} 1 & 1 \cdots 1 & & & \\ & 1 & 1 \cdots 1 & & \\ & & \cdots\cdots\cdots & \\ & & & 1 & 1 \cdots 1 \\ 1 & 1 & & 1 \\ & 1 & & 1 & 1 \\ & & & & \ddots \\ & 1 & & 1 & & 1 \end{bmatrix} \begin{matrix} m \text{行} \\ \\ \\ \\ n \text{行} \end{matrix}$$

$$\underbrace{\qquad}_{n \text{列}} \quad \underbrace{\qquad}_{n \text{列}} \quad \underbrace{\qquad}_{n \text{列}} \quad \underbrace{\qquad}_{n \text{列}}$$

分别将 A 的前 m 行和后 n 行相加，得到两个相同的 $m \times n$ 维向量（ $1\,1\cdots 1$，$1\,1\cdots 1$，$\cdots$，$1\,1\cdots 1$ ），其中的元素都是 1。即 A 矩阵的 $m+n$ 个行向量是线性相关的，因此 A 矩阵的秩 $< m+n$。

例如，图 3.3 中所示的运输问题分别从供应地 1，2，$\cdots$，m 到需求地 n 的 m 条边以及从供应地 1 分别到需求地 1，2，$\cdots$，$n-1$ 的 $n-1$ 条边，一共有 $m+n-1$ 条边。这 $m+n-1$ 条边组成运输问题约束矩阵 A 中的 $m+n-1$ 个

列向量，这些列向量在 A 矩阵中的子矩阵是一个 $m+n$ 行，$m+n-1$ 列的矩阵

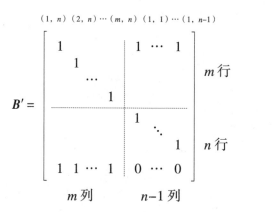

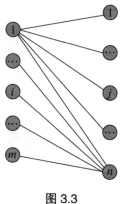

图 3.3

删除矩阵 B' 的最后一行，得到

$$
B = \begin{bmatrix}
1 & & & & 1 & \cdots & 1 \\
& 1 & & & & & \\
& & \ddots & & & & \\
& & & 1 & & & \\
\hline
& & & & 1 & & \\
& & & & & \ddots & \\
& & & & & & 1 \\
1 & 2 & \cdots & m & 1 & \cdots & n-1
\end{bmatrix}
\begin{matrix}
1 \\ 2 \\ \cdots \\ m \\ 1 \\ \cdots \\ n-1
\end{matrix}
$$

可以看出，这是一个上三角矩阵，显然，秩 $B=m+n-1$。由

$$m+n-1= 秩\,B \leqslant 秩\,A < m+n-1$$

可以得到，运输问题约束矩阵 A 的秩为 $m+n-1$。

这是运输问题系数矩阵的一个重要性质，由此可知，运输问题的 $m \times n$ 个变量中，基变量的个数是 $m+n-1$，非基变量的个数是 $mn-(m+n-1)=(m-1)(n-1)$。

3.1.3 运输问题的基在网络图中的表示

从前一节已经知道，运输问题的一个基是由系数矩阵 A 的 $m \times n$ 个列向量中的 $m+n-1$ 个列向量组成的，在网络图上，这 $m+n-1$ 个列向量对应 $m+n-1$ 条边。网络图中的一个基具有以下性质：

（1）一个基由网络的 $m \times n$ 条边中的 $m+n-1$ 条边组成。

（2）组成基的边不能形成闭合回路。事实上，如果组成一个基的若干条边组成一个闭合回路，则这些边对应的系数矩阵中的列向量一定是线性相关的，它们可以通过相互加减成为一个零向量。

例3.2 如图 3.4 的运输问题，$m=2$，$n=3$，它的基应由 $m+n-1=4$ 条边组成。如果这四条边是（1，1），（2，1），（2，2），（1，2），它们组成一个回路，那么这四条边对应的系数矩阵的列向量如表 3–4 所示：

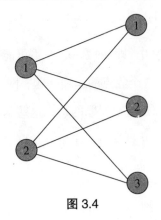

图 3.4

表 3–4

	(1, 1)	(1, 2)	(1, 3)	(2, 1)	(2, 2)	(2, 3)	
	1 ←	1		0	0	0	供应地1
	0	0		1 →	1	1	供应地2
	1	0	0	1	0	0	需求地1
	0	1 ←	0	0	1	0	需求地2
	0	0	1	0	0	1	需求地3

依次将这四个向量加减，得到一个 0 向量

$$a_{11}-a_{21}+a_{22}-a_{12}=\begin{bmatrix}1\\0\\1\\0\\0\end{bmatrix}-\begin{bmatrix}0\\1\\1\\0\\0\end{bmatrix}+\begin{bmatrix}0\\1\\0\\1\\0\end{bmatrix}-\begin{bmatrix}1\\0\\0\\1\\0\end{bmatrix}=(e_1+e_3)-(e_2+e_3)+(e_2+e_4)-(e_1+e_4)=0$$

这些列向量线性相关，显然不能包含在一个基中。

（3）组成基的 $m+n-1$ 条边必须到达网络的每一个节点。事实上，如果这 $m+n-1$ 条边都不与某一节点 k 关联，那么相应的基矩阵节点

$$B=\begin{bmatrix}\cdots & \cdots & \cdots & \cdots & \cdots & & \cdots\\0 & 0 & 0 & \cdots & 0 & & \text{节点 } k\\\cdots & \cdots & \cdots & \cdots & \cdots & & \cdots\\\cdots & \cdots & \cdots & \cdots & \cdots & & \cdots\\\cdots & \cdots & \cdots & \cdots & \cdots & & \cdots\end{bmatrix}$$

与节点 k 对应的一行全为 0，即 $\det B=0$。B 不可能成为一个基。

例 **3.3** 对于 2 个发点 3 个收点的运输问题，网络图如图 3.5（a）所示。图 3.5（b）（c）（d）都是这个问题的基，这些基都由 $m+n-1=2+3-1=4$ 条边组成，都不构成回路，并且与每一个节点关联。

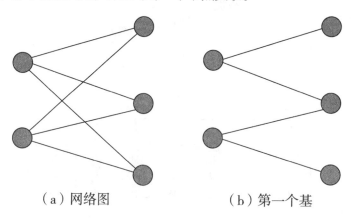

（a）网络图　　　　　　（b）第一个基

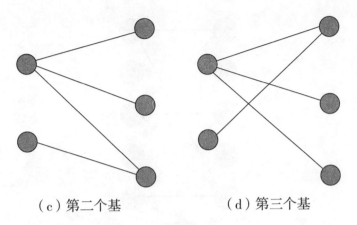

（c）第二个基　　　　（d）第三个基

图 3.5

正如线性规划矩阵的列向量组成的基一样，一个网络的基的个数是非常多的，以上只是这些基中的几个例子。

3.1.4　基在运输表中的表示

我们已经知道，运输表中的一行对应于一个供应地，一列对应于一个需求地，表中行列相交的一个格子表示从供应地节点到需求地节点的一条边。

如果运输网络图中有若干条边组成一个回路，在运输表中，这些边在运输表中相应的格子也构成一个回路。下面是运输问题的网络图（图 3.6）中的回路和运输表（表 3–5）中相应回路的例子。

表 3–5

	1	2	3	4	5
1	(1,1)		(1,3)		
2					
3			(3,3)		(3,5)
4					
5	(5,1)				(5,5)

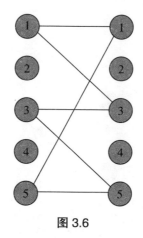

图 3.6

运输表中的闭回路还可以出现更复杂的情况，如表 3–6 和图 3.7 所示。

表 3–6

	1	2	3	4	5
1	(1,1)		(1,3)		
2					
3	(3,1)				(3,5)
4					
5			(5,3)		(5,5)

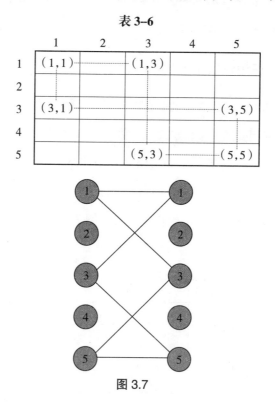

图 3.7

从运输网络图中一个基应满足的条件，容易得出运输表中一个基必须满足的条件：

（1）一个基应占表中的 $m+n-1$ 格；

（2）构成基的同行同列格子不能构成闭回路；

（3）一个基在表中所占的 $m+n-1$ 个格子应包括表的每一行和每一列。

例 3.4 在例 3.1 中的运输网络的几个基分别用网络和运输表的表示如下：

（a）系数矩阵、网络图（图 3.8）和运输表供应地

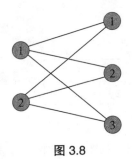

图 3.8

$$
\overline{A}=\begin{array}{c}
\begin{array}{cccccc}
(1,\,1) & (1,\,2) & (1,\,3) & (2,\,1) & (2,\,2) & (2,\,3)
\end{array}\\
\left[\begin{array}{ccc|ccc}
1 & 1 & 1 & 0 & 0 & 0 \\
0 & 0 & 0 & 1 & 1 & 1 \\ \hline
1 & 0 & 0 & 1 & 0 & 0 \\
0 & 1 & 0 & 0 & 1 & 0 \\
0 & 0 & 1 & 0 & 0 & 1
\end{array}\right]
\begin{array}{l}
供应地 1\\
供应地 2\\
\\
需求地 1\\
需求地 2\\
需求地 3
\end{array}
\end{array}
$$

	1	2	3
1	(1, 1)	(1, 2)	(1, 3)
2	(2, 1)	(2, 2)	(2, 3)

（b）第一个基的网络图（图 3.9）和运输表

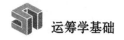

	1	2	3
1	(1, 1)	(1, 2)	(1, 3)
2	(2, 1)		

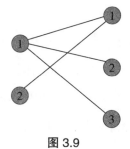

图 3.9

（c）第二个基的网络图（图 3.10）和运输表

	1	2	3
1	(1, 1)	(1, 2)	
2		(2, 2)	(2, 3)

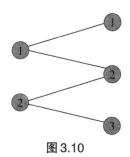

图 3.10

（d）第三个基的网络图（图 3.11）和运输表

	1	2	3
1	(1, 1)		(1, 3)
2		(2, 2)	(2, 3)

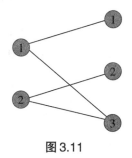

图 3.11

3.1.5 非基列向量用基向量表示

在线性规划中，设 B 是 A 矩阵的一个基，且 $B=[a_{B1}, a_{B2}, \cdots, a_{Bm}]$，则 A 中的任一非基向量 $a_j (j \in R)$ 必定可以用基向量 $a_{B1}, a_{B2}, \cdots, a_{Bm}$ 唯一地线性表出，其线性组合的系数就是 Y_j，这是因为

$$Y_j=B^{-1}a_j$$

即 $a_j=BY_j=[a_{B1},\ a_{B2},\ \cdots,\ a_{Bm}]\begin{bmatrix} y_{1j} \\ y_{2j} \\ \vdots \\ y_{mj} \end{bmatrix}$

$=y_{1j}a_{B1}+y_{2j}a_{B2}+\cdots+y_{mj}a_{Bm}$

这就是说，向量 Y_j 就是用基向量表出一个非基向量 a_j 的系数。

在运输问题中如果确定了一个基，非基向量 a_{ij} 也可以由基向量唯一地表出，由于运输问题的特殊性，表出系数 Y_{ij} 可以很方便地确定。请看下一例子。

例 3.5 以具有 2 个供应地，3 个需求地的运输问题为例子，这个运输问题的网络图（图 3.12）和系数矩阵如下：

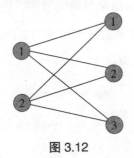

图 3.12

$$\bar{A}=\begin{array}{c} \begin{matrix} (1,\,1) & (1,\,2) & (1,\,3) & (2,\,1) & (2,\,2) & (2,\,3) \end{matrix} \\ \left[\begin{array}{ccc|ccc} 1 & 1 & 1 & 0 & 0 & 0 \\ 0 & 0 & 0 & 1 & 1 & 1 \\ \hline 1 & 0 & 0 & 1 & 0 & 0 \\ 0 & 1 & 0 & 0 & 1 & 0 \\ 0 & 0 & 1 & 0 & 0 & 1 \end{array}\right] \begin{array}{l} 供应地\ 1 \\ 供应地\ 2 \\ 需求地\ 1 \\ 需求地\ 2 \\ 需求地\ 3 \end{array} \end{array}$$

取基 $B=[a_{11},\ a_{12},\ a_{13},\ a_{23},\ e_a]$，非基向量为 a_{21}。基矩阵、网络图（图 3.13）中的非基边（用虚线表示）、基边（用实线表示），并取从供应地到需求地的方向为各边的方向。

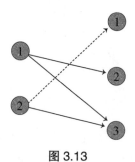

图 3.13

(1，1)	(1，2)	(1，3)	(2，1)	(2，2)	(2，3)	
1	1	1	0	0	0	1
0	0	0	1	1	1	2
1	0	0	1	0	0	1
0	1	0	1	0	0	2
0	0	1	0	0	1	3

由于任何一个非基向量总是与基向量实线性相关的，因此在网络图中任一条非基边必定与若干条基边形成闭回路。因此有 $a_{21}-a_{11}+a_{13}-a_{23}=0$

非基向量 a_{21} 可以表示为：

$$a_{21}=a_{11}-a_{13}+a_{23}$$

由于基向量 a_{12} 不在这个回路中，它在 a_{21} 的表达式中的系数是 0，因此非基向量 a_{21} 用所有基向量的表出形式为：

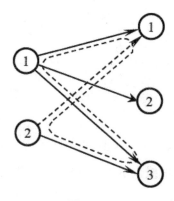

图 3.14

$$a_{21}=1 \cdot a_{11}+0 \cdot a_{12}+（-1）\cdot a_{13}+1 \cdot a_{23}$$

$$=[a_{11} \quad a_{12} \quad a_{13} \quad a_{23}]\begin{bmatrix} 1 \\ 0 \\ -1 \\ 11 \end{bmatrix}=B_{y21}$$

因此，非基边（2，1）由基边（1，1），（1，2），（1，3），（2，3）的表出系数

$$Y_{21}=(1, \ 0, \ -1, \ 1)^{T}。$$

从这个例子可以看出，非基向量由基向量表出的方法和表出的系数可以由该非基向量与有关的基向量形成的回路来确定（图 3.14）。选定该非基边的方向作为闭回路的方向，如果一个基边出现在该回路中，并且与回路的方向相同，则表出系数为 –1，如果基边的方向和回路的方向相反，则表出系数为 +1，如果基边不在回路中，表出系数为 0。

从给定非基边的起点（供应地）出发，沿着回路方向前进，第一次遇到的基边的方向一定和回路方向相反，第二次遇到的基边方向一定和回路方向相同，同向和反向交替出现，因此，各基边的表出系数一定是 +1，–1 交替出现。

与网络图对应，在运输表中非基向量用基向量表示的方法也可以相应得到。例如以上的运输问题，相应的运输表如下左表所示。

表 3–7

	1	2	3		1	2	3
1	（1，1）	（1，2）	（1，3）	1	$B（+1）$	$B（0）$	$B（-1）$
2	（2，1）	（2，2）	（2，3）	2	N		$B（+1）$

对应于基 $[a_{11}, a_{12}, a_{13}, a_{23}]$ 的格子为用 B 表示，非基向量 a_{21} 相应的格子用 N 表示，见上面右表。

运输表中非基向量用基向量表出的系数是这样确定的：（按任一方向）沿着表中的闭回路前进，在第一个转角处基向量的表出系数为 +1，下一个转角处基向量的表出系数为 –1，以后依次交替变化，由于沿闭回路回到出发的非基向量以前一定要经过奇数次转角，因此最后一个转角处的基向量的表出系数一定也是 +1。凡是不在闭回路上或不在闭回路转角处的基向量的表出系数均为 0。

在上面的表中，非基向量 $N（2，1）$ 与基向量 $B（1，1）$、$B（1，3）$、$B（2，3）$ 构成一个闭回路，相应的表出系数依次为 +1、–1 和 +1；基向量 $B（1，2）$ 不在闭回路的转角处，表出系数为 0。因此，非基向量 a_{21} 的表出形式为：

$$a_{21}=1 \cdot a_{11}+0 \cdot a_{12}+（-1）\cdot a_{13}+1 \cdot a_{23}$$

例3.6 设有 4 个供应地，5 个需求地的运输问题，运输表（表 3–8）和网络图（图 3.15）如下：

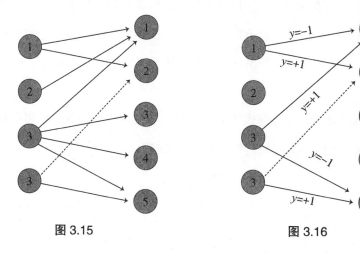

图 3.15　　　　　　　　　　　图 3.16

表 3-8

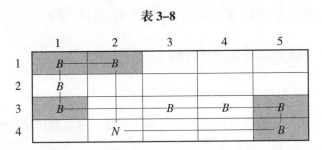

取其中 $m+n-1=4+5-1=8$ 个基向量 a_{11}，a_{12}，a_{14}，a_{21}，a_{31}，a_{33}，a_{34}，a_{35} 和 a_{45}，非基向量 a_{42} 与基向量构成的闭回路如图 3.16。根据基向量的表出系数由 +1 开始，+1、–1 交替的原则，以上非基向量用这些基向量表出的形式为：

$$a_{42}=（+1）a_{12}+（-1）a_{11}+（+1）a_{31}+（-1）a_{35}+（+1）a_{45}$$

如果所有基向量按以下次序排列

$$[a_{11}, a_{12}, a_{21}, a_{31}, a_{33}, a_{34}, a_{35}, a_{45}]$$

因而 a_{42} 用这些基向量表示的表出系数

$$Y_{42}=[-1, +1, 0, +1, 0, 0, -1, +1]^T$$

3.2 运输问题的表上作业法

运输问题单纯形法的基本步骤和线性规划一样，包括以下步骤，但具体实施是在运输表上实现。

（1）求得一个初始基础可行解；

（2）对非基变量 x_{ij} 计算检验数，根据各非基变量的检验数值，确定最优性或选择进基变量；

（3）当进基变量 x_{ij} 进基时，根据基变量的变化，求出最先降为 0 的基变量确定为离基变量；

（4）进行基变换，获得新的基础可行解并转步骤2。

3.2.1 确定初始基础可行解

（1）西北角法

西北角法是按供应地和需求地的编号为序，依次顺序供给的原则获得初始基础可行解的一种方法。

它是从确定供应地1到需求地1的运量开始。这个位置按地图的方位来说是西北角，因而得名。从供应地1到需求地1的运量取供应地1的供应量（30）和需求地1的需求量（15）两者中小的一个安排，如果供应地1的供应量没有用完，则将剩余的供应量向需求地2发送，依次类推，直到最后一个供应地的供应量全部运出，最后一个需求地的需求量全部满足为止。

例3.7 给出运输表如下。供应地1的供应量为30，需求地1的需求量为15，在（1，1）上安排运量15。供应地1和需求地1的供应量和需求量分别变为15和0。

	1	2	3	4	
1	10 〔15〕	11	9	15	30–15
2	13	12	16	9	45
3	11	8	7	10	50
4	14	13	12	13	25
	15–15	20	31	84	

供应地1的供应量为15，需求地2的需求量为20，在（1，2）上安排运量15，供应地1的供应量变为0，需求地2的需求量变为5。

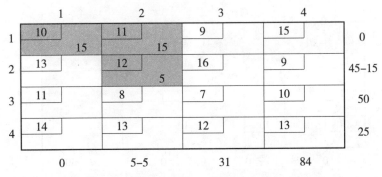

需求地 2 的需求量为 5，供应地 2 的供应量为 45，在（2，2）上安排
运量 5，供应地 2 的供应量变为 40，需求地 2 的需求量变为 0。

供应地 2 的供应量为 40，需求地 3 的需求量为 31，在（2，3）上安
排运量 31，供应地 3 的供应量变为 9，需求地 3 的需求量变为 0。

供应地 2 的供应量为 9。需求地 4 的需求量为 84，在（2，4）上安排
运量 9，供应地 2 的供应量变为 0，需求地 4 的需求量变为 75。

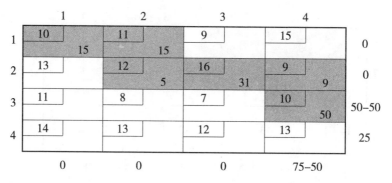

需求地 4 的需求量为 75，供应地 3 的供应量为 50，安排（3，4）上的运量为 50，供应地 3 的供应量 0，需求地 4 的需求量 25。

供应地 4 的供应量为 25，需求地 4 的需求量为 25，安排（4，4）上的运量 25，供应地 4 的供应量为 0，需求地 4 的需求量为 0，供应和需求都得到满足。

用西北角法确定初始可行解方法简单，不会出现回路，而且一般情况下基变量的个数恰为 $m+n-1$ 个（退化的情况基变量可能少于 $m+n-1$，处理的方法在 4.7 节中介绍），而且基变量位于每一行每一列，因而得到的是一个基础可行解。西北角法的缺点是在安排运量时不考虑运价，因而得到的初始解可能离最优解比较远。以上例子中用西北角法得到的初始解的目标函数值为

$$z=\sum_{i=1}^{4}\sum_{j=1}^{4}c_{ij}x_{ij}=10\times15+11\times15+12\times5+16\times31+9\times9+10\times50+13\times25=1\ 777$$

（2）最小元素法

这种方法是按运价由小到大的顺序安排运量。

先从各运价中找到最小运价，设为 c_{ij}，然后比较供应量 s_i 和需求量 d_j，如果 $s_i>d_j$，取 $x_{ij}=d_j$，并将供应地 i 的供应量改为 s_i-d_j，将需求地 j 的需求量改为 0；如果 $s_i<d_j$，取 $x_{ij}=s_i$，并将供应地 i 的供应量改为 0，将需求地 j 的需求量改为 d_j-s_i；如果 s_i 和 d_j 中有一个为 0，则不分配运量给 x_{ij}。分配完最小运价的运量后，用同样的方法分配运价次小的运量，依次类推，直到每一个供应地的供应量和每一个需求地的需求量都为 0。以下是用最小元素法确定运输问题的初始可行解的例子。

例3.8 给出运输表如下。最小运价为 $c_{33}=7$，供应地 3 的供应量为 50，需求地 3 的需求量为 31，安排运量 $x_{33}=31$。供应地 3 和需求地 3 的供应量和需求量分别变为 19 和 0。

	1	2	3	4	
1	10	11	9	15	30
2	13	12	16	9	45
3	11	8	7 31	10	50−31=19
4	14	13	12	13	25
	0	0	31−31=0	84	

对于 $c_{32}=8$，供应地 3 的供应量为 19，需求地 2 的需求量为 20，安排 $x_{32}=19$，供应地 3 的供应量为 0，需求地 2 的需求量为 1。

	1	2	3	4	
1	10	11	9	15	30
2	13	12	16	9	45
3	11	8 19	7 31	10	19−19=0
4	14	13	12	13	25
	15	20−19=1	0	84	

对于 $c_{13}=9$，$c_{24}=9$，可以任选一个，但是（1，3）中需求地 3 的需求量为 0，安排 $x_{24}=45$，供应地 2 的供应量为 0，需求地 4 的需求量为 39。

	1	2	3	4	
1	10	11	9	15	30
2	13	12	16	9 45	45−45=0
3	11	8 19	7 31	10	0
4	14	13	12	13	25
	15	1	0	84−45=39	

对于 $c_{11}=10$ 和 $c_{34}=10$，由于供应地 3 的需求量已经为 0，安排 $x_{11}=15$，

供应地 1 的供应量为 15，需求地 1 的需求量为 0。

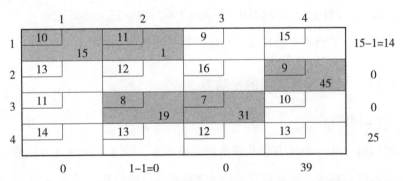

对于 $c_{12}=11$，安排 $x_{12}=1$，供应地 1 的供应量为 14，需求地 2 的需求量为 0。

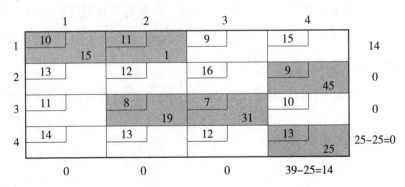

对于 $c_{44}=13$，安排 $x_{44}=25$，供应地 4 的供应量为 0，需求地 4 的需求量为 14。

最后安排 $x_{14}=14$，所有供应地和需求地的供应量、需求量都等于 0。

	1	2	3	4	
1	10　15	11　1	9	15　14	14−14=0
2	13	12	16	9　45	0
3	11	8　19	7　31	10	0
4	14	13	12	13　25	0
	0	0	0	14−14=0	

这样就得到一个运输问题的初始基础可行解。这个初始基础可行解的目标函数值为

$$z=10×15+11×1+15×14+9×45+8×19+7×31+13×25=1\ 470$$

比用西北角法得到的初始基础可行解的目标函数值 1 777 小。

3.2.2　计算非基变量的检验数

（1）闭回路法

闭回路：从一个代表非基变量的空格出发，沿水平或垂直方向前进，只有碰到代表基变量的有数字的格才能转折，直到回到原出发的那个空格，由此形成的封闭的折线叫闭回路。

闭回路法求非基变量的检验数：在每一个非基变量对应的闭回路中，转折处的方格对应的单位运价（即 c_{ij}）依次加减，奇数点为加，偶数点为减。求出的值即为该非基变量的检验数。

例 3.9 在例 3.7 中，用西北角法得到初始基础可行解，计算各非基变量的检验数

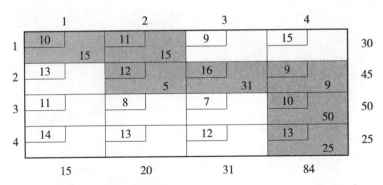

非基变量（1，3）相应的闭回路为

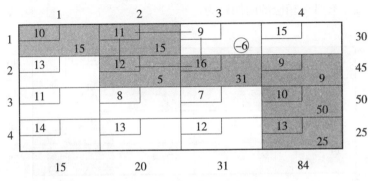

因此 x_{13} 的检验数 $c_{13}-c_{12}+c_{22}-c_{23}=9-11+12-16=-6$。

非基变量（1，4）相应的闭回路为

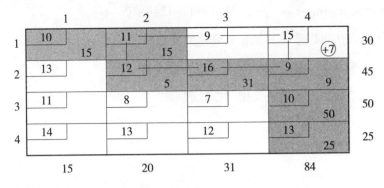

因此 x_{14} 的检验数 $c_{14}-c_{12}+c_{22}-c_{24}=15-11+12-9=+7$

非基变量（2，1）相应的闭回路为

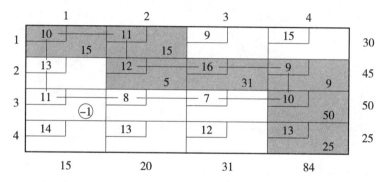

因此 x_{21} 的检验数 $c_{21}-c_{11}+c_{12}-c_{22}=13-10+11-12=+2$

非基变量（3，1）相应的闭回路为

因此 x_{31} 的检验数

$$c_{31}=c_{31}-c_{11}+c_{12}-c_{22}+c_{24}-c_{34}=11-10+11-12+9-10=-1$$

用同样的方法可以求得其他非基变量的检验数

$$c_{32}=-5，c_{33}=-10，c_{41}=-1，c_{42}=-3，c_{43}=-8$$

将以上检验数填入运输表，用"○"表示。

	1	2	3	4	
1	10　15	11　15	9　(−6)	15　(+7)	30
2	13　②	12　5	16　31	9　9	45
3	11　(−1)	8　(−5)	7　(−10)	10　50	50
4	14　(−1)	13　(−3)	12　(−8)	13　25	25
	15	20	31	84	

对用最小元素法得到的初始基础可行解，也可以用同样的方法求得各非基变量的检验数，计算过程略，计算结果见下表。

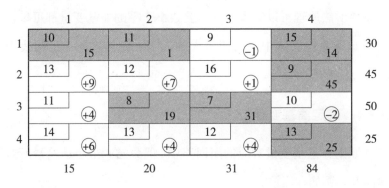

	1	2	3	4	
1	10　15	11　1	9　(−1)	15　14	30
2	13　(+9)	12　(+7)	16　(+1)	9　45	45
3	11　(+4)	8　19	7　31	10　(−2)	50
4	14　(+6)	13　(+4)	12　(+4)	13　25	25
	15	20	31	84	

（2）位势法

所谓位势法，我们对运输表上的每一行赋予一个数值 u_i，对每一列赋予一个数值 v_j，它们的数值是由基变量 x_{ij} 的检验数 $\lambda_{ij}=c_{ij}-u_i-v_j=0$ 所决定的，则非基变量 x_{ij} 的检验数就可以用公式 $\lambda_{ij}=c_{ij}-u_i-v_j$ 求出。如例 3.7 用位势法求解检验数，我们先给 u_1 赋个任意数值，不妨设 $u_1=0$，则从基变量 x_{11} 的检验数求得 $v_1=c_{11}-u_1=10-0=10$。同理可以求得 $v_2=11$，$u_2=1$ 等等，计算结果见下表。

				u_i
10 15	11 15	9 (−6)	15 (+7)	0
13 ②	12 5	16 31	9 9	1
11 (−1)	8 (−5)	7 (−10)	10 50	2
14 (−1)	13 (−3)	12 (−8)	13 25	5
v_j 10	11	15	8	

3.2.3 确定进基变量

由单纯形法原理可以知道，凡检验数小于零的非基变量都可以进基。通常总是选取负检验数中绝对值最大的进基。例如在上一运输表中，选取 −2，即 x_{34} 进基。

3.2.4 确定离基变量

离基原则：进基变量对应的闭回路中，偶数站中最小运输量所对应的基变量离基。例如在运输表

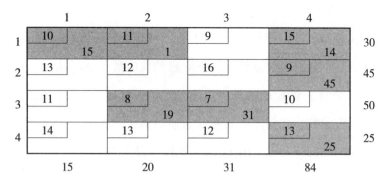

中，当 x_{34} 进基时，沿闭回路

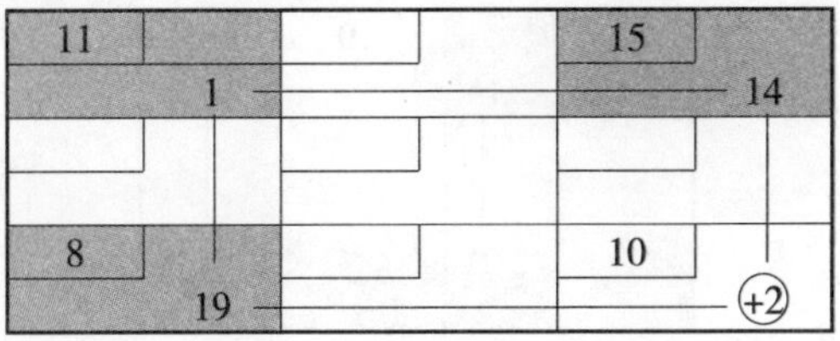

取 $\min\{x_{14}, x_{32}\}=\min\{14, 19\}=14$，因此当 $x_{34}=14$ 进基时，$x_{14}=0$ 离基。

3.2.5 进行基变换

方法：以闭回路中偶数站中最小运输量为调整量，奇数站中运输量增加调整量，偶数站减少调整量。

例如，在以下运输表中，当 x_{34} 进基时，基变量 $x_{12}=1$ 增加，$x_{14}=14$ 和 $x_{32}=19$ 减少，当进基变量 $x_{34}=14$ 时，$x_{12}=15$，$x_{14}=0$ 离基，$x_{32}=5$。新的运输表成为：

	1	2	3	4	
1	10 / 15	11 / 15	9 (−1)	15 (2)	30
2	13 (7)	12 (9)	16 (10)	9 / 45	45
3	11 (4)	8 / 5	7 / 31	10 / 14	50
4	14 (4)	13 (2)	12 (2)	13 / 25	25
	15	20	31	84	

其中，x_{34} 成为新的基变量，x_{14} 成为新的非基变量。用闭回路法或对偶变量法重新计算各非基变量的检验数得到的结果见上表。其中 x_{13} 的检验数 $z_{13}-c_{13}=+1>0$，继续选取 x_{13} 进基，相应的闭回路为：

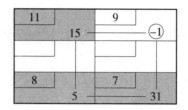

取 $\min\{x_{12}, x_{33}\}=\min\{15, 31\}=15$，　当 $x_{13}=15$ 时，$x_{12}=15-15=0$，$x_{32}=5+15=20$，$x_{33}=31-15=16$，新的运输表为

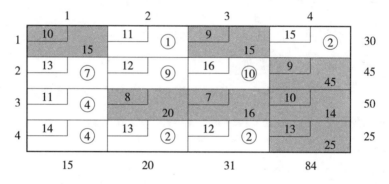

重新计算非基变量的检验数填入上表。可以看出，所有非基变量的检验数 <0，已经获得最优解。最优解的目标函数值为

$z=10 \times 15+9 \times 15+9 \times 45+8 \times 20+7 \times 16+10 \times 14+13 \times 25=1\ 427$。

为了总结运输问题单纯形法，现将例 3.7 的运输问题

	1	2	3	4	
1	10	11	9	15	30
2	13	12	16	9	45
3	11	8	7	10	50
4	14	13	12	13	25
	15	20	31	84	

用单纯形法完整地求解如下：

（1）首先用西北角法得到一个初始基础可行解：

	1	2	3	4	
1	10　15	11　15	9	15	30
2	13	12　5	16　31	9　9	45
3	11	8	7	10　50	50
4	14	13	12	13　25	25
	15	20	31	84	

表中深色的格子表示基变量。

（2）用闭回路法得到非基变量的检验数

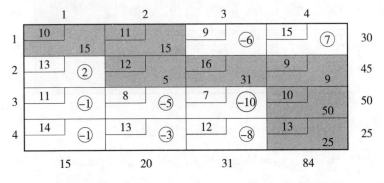

	1	2	3	4	
1	10　15	11　15	9　(−6)	15　(7)	30
2	13　(2)	12　5	16　31	9　9	45
3	11　(−1)	8　(−5)	7　(−10)	10　50	50
4	14　(−1)	13　(−3)	12　(−8)	13　25	25
	15	20	31	84	

（3）选择进基和离基变量。x_{33} 进基，x_{23} 离基，得到新的运输表并计算检验数

	1	2	3	4	
1	10　15	11　15	9　(4)	15　(7)	30
2	13　(2)	12　5	16　(10)	9　40	45
3	11　(−1)	8　(−5)	7　31	10　19	50
4	14　(−1)	13　(−3)	12　(2)	13　25	25
	15	20	31	84	

x_{32} 进基，x_{22} 离基，得到新的运输表并计算检验数

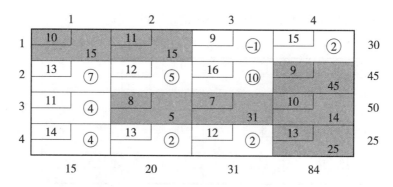

x_{13} 进基，x_{12} 离基，得到新的运输表并计算检验数

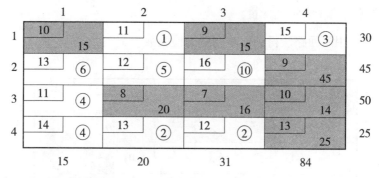

所有非基变量的检验数非负，得到最优解。最优解为

$x_{11}=15$，$x_{13}=15$，$x_{24}=45$，$x_{32}=20$，$x_{33}=16$，$x_{34}=14$，$x_{44}=25$，其余 $x_{ij}=0$

$\min z=10\times15+9\times15+9\times45+8\times20+7\times16+10\times14+13\times25=1\ 427$。

3.3　几种特殊的运输问题

3.3.1　运输路线不完全的问题

设从供应地 i 到需求地 j 不允许通过，可虚设一条从供应地 i 到需求地 j 的运输线路，并设这条运输线路上的运费 $c_{ij}=M$，M 为足够大的正数，这样优化的结果在 (i,j) 上不会安排运量。

例3.10 设一个运输问题如下图所示。其中从发点 2 到收点 2 没有运输路线。虚设一条从发点 2 到收点 2 的运输路线，并设相应的运价 $c_{22}=M$。运输表及用西北角法得到的初始解如下表：

	1	2	3	
1	8　　10	5　　15	6　　⑧$M-8$	25
2	7　④$4-M$	M　⑤	9　　10	15
	10	20	10	

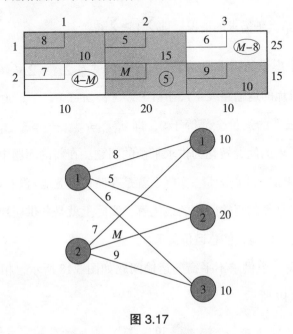

图 3.17

由于 M 足够大，$4-M<0$，$M-8>0$，x_{21} 进基，x_{22} 离基，下一张运输表为

	1	2	3	
1	8　　5	5　　20	6　　④-4	25
2	7　　5	M　⑭$M-4$	9　　10	15
	10	20	10	

x_{13} 进基，x_{11} 离基

	1	2	3	
1	8　④	5　　20	6　　5	25
2	7　　10	M　⑧$M-8$	9　　5	15
	10	20	10	

得到最优解：$x_{12}=20$，$x_{13}=5$，$x_{21}=10$，$x_{23}=5$，其余 $x_{ij}=0$，$\min z=245$。

3.3.2 供求不平衡的运输问题

（1）供给大于需求的情况，即 $\sum\limits_{i=1}^{m} s_i > \sum\limits_{i=1}^{n} d_i$。

增加一个虚设的需求地 $n+1$，它的需求量为 $\sum\limits_{i=1}^{m} s_i - \sum\limits_{i=1}^{n} d_i$。新增从各供应地到该需求地的运输路线（1，$n+1$），（2，$n+1$），…，（$m$，$n+1$），这些运输路线上的运价全部等于 0，即 $c_{1,\,n+1}=c_{2,\,n+1}=\cdots=c_{m,\,n+1}=0$，这样就将供给大于需求的问题转化为供求平衡的问题。在新的问题中，从供应地 i 到新设的需求地 $n+1$ 的运量，实际上就是存储在供应地 i 没有运出的数量。新得到的供求平衡的运输问题的最优解，实际上就是各供应地存储多少、运出多少、运往何地，使总运价最低。

例 3.11 设一个供求不平衡的运输问题如图 3.18 所示，相应的供求平衡问题如图 3.19 所示。

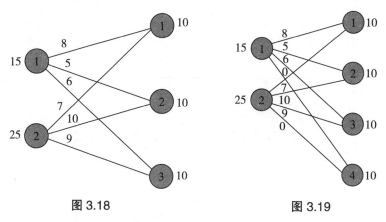

图 3.18　　　　　　　　　　　图 3.19

供求平衡问题的运输表以及用西北角法给出的初始解如下：

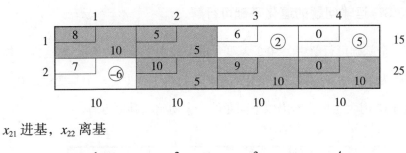

x_{21} 进基，x_{22} 离基

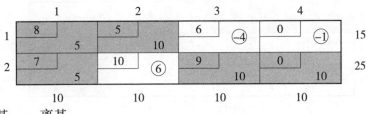

x_{13} 进基，x_{11} 离基

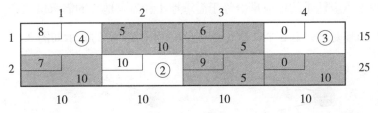

已获得最优解。这个最优解的含义是：从供应地 1 到需求地 2 的运量为 10，到需求地 3 的运量为 5，供应量没有剩余；从供应地 2 到需求地 1 的运量为 10，到需求地 3 的运量为 5，供应量剩余 10；最小运费为

$\min z = 5 \times 10 + 6 \times 5 + 7 \times 10 + 9 \times 5 = 195.$

（2）需求大于供给的情况，即 $\sum\limits_{i=1}^{n} d_i > \sum\limits_{i=1}^{m} s_i$。

增加一个虚设的供应地 $m+1$，它的供应量为 $\sum\limits_{i=1}^{n} d_i - \sum\limits_{i=1}^{m} s_i$。新增从该供应地到各需求地的运输路线 $(m+1, 1)$，$(m+1, 2)$，$\cdots$，$(m+1, n)$，这些运输路线上的运价全部等于 0，即 $c_{m+1, 1} = c_{m+1, 2} = \cdots = c_{m+1, n} = 0$，这样就将需求大于供给的问题转化为供求平衡的问题。在新的问题中，从新设的供应地 $m+1$ 到 i 的运量，实际上就是需求地 i 没有满足的数量。

3.3.3 运输问题的退化基础可行解

当一个基础可行解中 $x_{ij}>0$ 的基变量的个数小于 $m+n-1$ 时，称这样的基础可行解为退化的。换言之，退化的基础可行解中至少有一个基变量是 0。

例 3.12 用西北角法给出以下问题的一个初始基础可行解。

	1	2	3	4	
1	2 10	3 10	4	9	20
2	14	12	5 20	1 10	30
3	12	15	9	4 40	40
	10	10	20	50	

由于供应地 1 的供应量恰等于需求地 1 和需求地 2 的需求量之和，使得大于 0 的基变量只有 5 个，这 5 个基变量在网络图中的表示如图 3.20 所示：

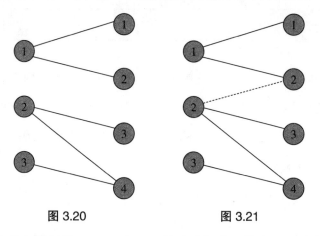

图 3.20   图 3.21

为了使基变量保持 $m+n-1$ 个，又使基础解满足供应地和需求地的运量约束，需要增加一个 $x_{ij}=0$ 的基变量，这个基变量在网络图和运输表中不能形成闭回路。这个基变量有多种选取方法，例如取 $x_{13}=0$，$x_{14}=0$，$x_{21}=0$，$x_{22}=0$，$x_{31}=0$，$x_{32}=0$ 等。这里，不妨取 $x_{22}=0$。加上这个基变量以后的网络图如图 3.21，运输表如下表。计算各非基变量的检验数，并写在表中。

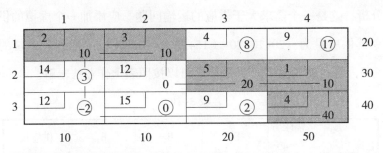

x_{31} 进基，相应的闭回路见上表，离基变量由 min $\{x_{11}, x_{22}, x_{34}\}$=min$\{10, 0, 40\}$=0 确定，即 x_{22} 离基，但 x_{31} 进基后的值仍等于 0。这一次基变换后运输表为

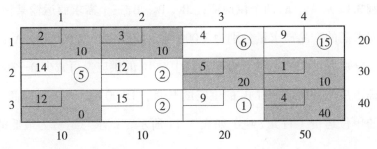

重新计算非基变量的检验数，所有非基变量的检验数非负，得最优解。

3.4　运输问题的应用

例 3.13 从甲、乙两个仓库往 B_1、B_2、B_3 三个需求方运送物资，各仓库的供应量、各需求方的需求量以及单位物资的运价如下表所示，应如何调运可使总运输费用最小？

表 3-9

需求方 仓库	B_1	B_2	B_3	供应量
甲	8	7	4	15
乙	3	5	9	25
需求量	20	10	20	

分析：这是一个需求大于供应的运输问题。应添加一个虚拟的供应地丙，令其供应量为：20+10+20−（15+25）=10，并设丙地到各单位的运费单价为0，得到表3–10，产销平衡后可以按照表上作业法求解。

表3–10

仓库＼需求方	B_1	B_2	B_3	供应量
甲	8	7	4	15
乙	3	5	9	25
丙	0	0	0	10
需求量	20	10	20	

例3.14 从 A_1、A_2 两个供应商往 B_1、B_2、B_3 三个需求商运输某种产品，三个需求商的产品需求量分别为 3 000 吨，1 000 吨，2 000 吨。A_1、A_2 的供应量分别为 4 000 吨，1 500 吨。其中对 B_1 的供应量可减少 0—300 吨，B_2 的需求应全部满足，对 B_3 的供应量不少于 1 500 吨。从各供应商至各需求商的单位运价（百元／吨）如表3–11所示，试求总运费为最低的调运方案。

表3–11

供应商＼需求商	B_1	B_2	B_3	供应量
A_1	1.8	1.7	1.55	4 000
A_2	1.6	1.5	1.75	1 500
需求量	3 000	1 000	2 000	

分析：由于需求大于供应，应添加假想的供应地 A_3，令其供应量为：3 000+1 000+2 000−（4 000+1 500）=500（吨）。又由于 B_1 的需求至少要满足 2 700 吨，B_2 的需求要全部满足，B_3 的需求至少要满足 1 500 吨，所以，分别将 B_1、B_3 分成两个部分为 B_1（1）、B_1（2）和 B_3（1）、B_3（2），见表3–12。

表 3–12

需求商 供应商	B_1（1）	B_1（2）	B_2	B_3（1）	B_3（2）	供应量
A_1	1.8	1.8	1.7	1.7	1.55	4 000
A_2	1.6	1.6	1.5	1.5	1.75	1 500
A_3	M	0	M	M	0	500
需求量	2 700	300	1 000	1 500	500	

习　题

1. 求解如下图所示的运输问题，并将最优解在网络中表示。

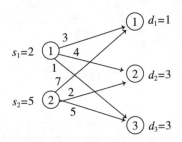

2. 将下表所示的一组解作为初始解，分别用闭回路法和位势法求出非基变量的检验数，并求出运输问题的最优解。

9 　4	8 　14	12	13	18
10	10	12 　24	14	24
8 　2	9	11 　4	12	6
10	10	11 　7	12 　5	12
6	14	35	5	

3. 对下表所示的运输问题（表内部的数字表示 c_{ij}，表右面和下面的数字分别表示供应量和需求量）。

	B_1	B_2	B_3	B_4	
A_1	6	2	−1	0	5
A_2	4	7	2	5	25
A_3	3	1	2	1	25
	10	10	20	15	

（1）分别用西北角法和最小元素法得到初始基础可行解；

（2）选择其中一个基础可行解，从这个基础可行解出发，求出这个问题的最优解；

（3）如果 $c_{11}=6$ 变为 −4，最优解是否改变？如改变，求出新的最优解；

（4）在原来的问题中，如果从 A_2 到 B_1 的道路被阻，最优解是否会改变？如改变，求出新的最优解。

4. 求解下表所示的供求不平衡的运输问题，其中 A_i—B_j 格子中的数字表示 c_{ij}。

供求地	B_1	B_2	B_3	B_4	供应量
A_1	2	11	3	4	7
A_2	10	3	5	9	5
A_3	7	8	1	2	7
需求量	2	3	4	6	

5. 有一大型企业下辖三个工厂，每年分别需要某种原材料 4 000 吨、6 000 吨、8 000 吨，由两个供货商负责供应，供货商 1 可供应 8 000 吨，供货商 2 可供应 9 000 吨，由于需大于供，经协商，工厂 1 可减少供应 0 ~ 500 吨，工厂 3 不能少于 7 000 吨，工厂 2 必须全部满足。已知单位运价如下表所示。试求总运费最低的调运方案。

	工厂 1	工厂 2	工厂 3
供货商 1	180	170	155
供货商 2	160	150	175

6. 有下表所示运输问题，试确定最优调运方案。

	B_1	B_2	B_3	储量
A_1	8	7	4	15
A_2	3	5	9	25
需要量	20	10	20	

第 4 章　整数规划

规划问题中要求部分或全部决策变量是整数，则这个规划称为整数规划。整数规划是规划论的一个分支，目前整数规划在工业、商业、交通运输、经济管理等领域都有相当广泛的应用。整数线性规划是整数规划中一个重要部分，在求解很多线性规划问题时，经常会遇到决策变量代表人数、机器台数等，对于这类求解整数解的线性规划问题，不是用四舍五入法或去尾法对线性规划的非整数解加以处理就能解决的，而要用适用于整数规划的特殊解法才能加以解决。

4.1　整数规划模型

变量取整数值的规划称为整数规划。所有变量都取整数的规划称为纯整数规划，部分变量取整数的规划称为混合整数规划。所有变量都取 0、1 两个值的规划称为 0-1 规划，部分变量取 0、1 两个值的规划称为 0-1 混合规划。

线性规划和整数规划的关系，我们用以下例子说明。

设线性规划问题为

$\max z = x_1 + 4x_2$

$$s.t. \begin{cases} 14x_1 + 42x_2 \leqslant 196 \\ -x_1 + 2x_2 \leqslant 5 \\ x_1, \ x_2 \geqslant 0 \end{cases}$$

相应的整数规划问题

$\max z = x_1 + 4x_2$

$$s.t. \begin{cases} 14x_1 + 42x_2 \leqslant 196 \\ -x_1 + 2x_2 \leqslant 5 \\ x_1, \ x_2 \geqslant 0 \\ x_1, \ x_2 \text{ 为非负整数} \end{cases}$$

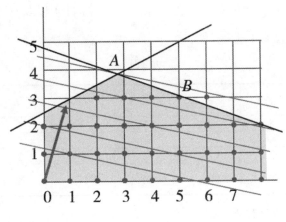

图 4.1

线性规划的可行域如图 4.1 中阴影部分所示，由图解法可知，线性规划的最优解位于图中的 A 点，即 $(x_1, \ x_2) = (13/5, \ 19/5) = (2.6, \ 3.8)$，线性规划最优解的目标函数值为 $z = 89/5 = 17.8$。

而相应的整数规划的可行解是图中线性规划可行域中整数网格的交

点。整数规划的最优解位于图中的 B 点，即 $(x_1, x_2) = (5, 3)$，整数规划最优解的目标函数值为 $z=17$。

由以上例子可以看到，简单地将线性规划的非整数的最优解，用四舍五入或舍去尾数的办法得到整数解，一般情况下并不能得到整数规划的最优解。整数规划的求解方法要比线性规划复杂得多。

有以下几类整数规划模型：第一类是根据问题要求，定义模型中若干或者所有变量为整数变量；第二类是定义模型中若干或者所有变量为 0-1 变量；第三类是利用包含 0-1 变量的约束条件来定义变量之间的逻辑关系。下面是几个属于这两类问题的例子。

例 4.1 变量之间需要满足一定的逻辑关系的问题，例如

一个工厂用三种设备生产 5 种产品，三种设备的总能力（小时），生产每种产品需要占用的各种设备的能力（小时 / 件）以及三种产品的利润（元 / 件）如表 4-1 所示。

表 4-1

	产品 1	产品 2	产品 3	产品 4	产品 5	设备能力（小时）
设备 A	5	1	3	2	4	1 800
设备 B	—	3	4	1	5	2 500
设备 C	3	2	1	3	2	2 200
利润（元 / 件）	24	18	21	17	22	

这个问题的整数规划模型为

$\max z = 24x_1 + 18x_2 + 21x_3 + 17x_4 + 22x_5$

$$s.t. \begin{cases} 5x_1 + x_2 + 3x_3 + 2x_4 + 4x_5 \leqslant 1\ 800 \\ 3x_2 + 4x_3 + x_4 + 5x_5 \leqslant 2\ 500 \\ 3x_1 + 2x_2 + x_3 + 3x_4 + 2x_5 \leqslant 2\ 200 \\ x_1, x_2, x_3, x_4, x_5 \geqslant 0, \text{变量为整数} \end{cases}$$

如果忽略变量为整数的要求，以上问题成为一个线性规划问题，这个线性规划问题的最优解为 x_1=187.5 件，x_2=810.0 件，x_3=17.5 件，x_4=0.0 件，x_5=0.0 件。最大利润为 z=19 447.50 元。

如果产品必须是整数，以上整数规划的最优解为 x_1=187 件，x_2=809 件，x_3=18 件，x_4=1 件，x_5=0 件。最大利润为 z=19 445 元。

如果这五种产品的产量之间还要满足一定的逻辑关系，例如分别考虑以下关系：

（1）五种产品中，安排生产的产品不能超过三种；

（2）每一种产品如果生产，最小批量为 50 件；

（3）产品 1 和产品 2 不能同时安排生产；

（4）如果产品 4 生产，产品 5 必须生产，而且至少生产 50 件。

为了实现以上的逻辑关系，需要设 5 个 0–1 变量 y_1，y_2，y_3，y_4，y_5。其中一个变量等于 0，表示相应的产品不生产；变量等于 1，表示相应的产品可以安排生产（也可以不安排生产）。利用这 5 个 0–1 变量，设计恰当的线性（注意，必须是线性的等式或不等式）约束条件，就可以表示以上各种逻辑关系。

为了使 0–1 变量 y_1，y_2，y_3，y_4，y_5 起到分别控制 x_1，x_2，x_3，x_4，x_5 等于零或不等于 0 的作用，需要增加以下五个约束条件：

$x_1 \leqslant My_1$，$x_2 \leqslant My_2$，$x_3 \leqslant My_3$，$x_4 \leqslant My_4$，$x_5 \leqslant My_5$

其中 M 为足够大的正数，例如 $M = 10\ 000$。从以上五个约束条件可以看出，如果 y_i=0，则相应的约束条件成为 $x_i \leqslant 0$，即 x_i=0。如果 y_i=1，则相应的约束条件成为 $x_i \leqslant M$，由于 M 足够大，x_i 实际上没有任何限制（注意：也可以等于 0）。

为了使变量满足以上逻辑关系，需要分别设计相应的约束条件。

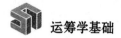

（1）五种产品中，安排生产的产品不能超过三种。

相应的约束条件为：

$$y_1+y_2+y_3+y_4+y_5 \leqslant 3$$

完整的整数规划模型为

$$\max z=24x_1+18x_2+21x_3+17x_4+22x_5$$

$$s.t. \begin{cases} 5x_1+x_2+3x_3+2x_4+4x_5 \leqslant 1\,800 \\ 3x_2+4x_3+x_4+5x_5 \leqslant 2\,500 \\ 3x_1+2x_2+x_3+3x_4+2x_5 \leqslant 2\,200 \\ x_1,\ x_2,\ x_3,\ x_4 \geqslant 0,\ \text{变量为整数} \\ x_1-My_1 \leqslant 0 \\ x_2-My_2 \leqslant 0 \\ x_3-My_3 \leqslant 0 \\ x_4-My_4 \leqslant 0 \\ x_5-My_5 \leqslant 0 \\ y_1+y_2+y_3+y_4+y_5 \leqslant 3 \\ x_1,\ x_2,\ x_3,\ x_4,\ x_5 \geqslant 0,\ \text{为整数},\ y_1,\ y_2,\ y_3,\ y_4,\ y_5=0,\ 1 \end{cases}$$

取 M=10 000，以上整数规划的最优解为

$$y_1=1,\ y_2=1,\ y_3=1,\ y_4=0,\ y_5=0$$

$$x_1=187,\ x_2=808,\ x_3=19,\ x_4=0,\ x_5=0$$

最大利润为 z=19 431 元。也就是第一、第二和第三种产品安排生产，第四和第五种产品不生产。

（2）每一种产品如果生产，最小批量为 50 件。

相应的约束条件为：

$$x_1 \geqslant 50y_1,\ x_2 \geqslant 50y_2,\ x_3 \geqslant 50y_3,\ x_4 \geqslant 50y_4,\ x_5 \geqslant 50y_5$$

由以上约束条件可以看出，如果第 i 种产品生产，即 $y_i=1$，就有 $x_i \geqslant 50$。

完整的整数规划模型为

$$\max z = 24x_1 + 18x_2 + 21x_3 + 17x_4 + 22x_5$$

$$s.t. \begin{cases}
5x_1 + x_2 + 3x_3 + 2x_4 + 4x_5 \leqslant 1\,800 \\
3x_2 + 4x_3 + x_4 + 5x_5 \leqslant 2\,500 \\
3x_1 + 2x_2 + x_3 + 3x_4 + 2x_5 \leqslant 2\,200 \\
x_1 - My_1 \leqslant 0 \\
x_2 - My_2 \leqslant 0 \\
x_3 - My_3 \leqslant 0 \\
x_4 - My_4 \leqslant 0 \\
x_5 - My_5 \leqslant 0 \\
x_1 - 50y_1 \geqslant 0 \\
x_2 - 50y_2 \geqslant 0 \\
x_3 - 50y_3 \geqslant 0 \\
x_4 - 50y_4 \geqslant 0 \\
x_5 - 50y_5 \geqslant 0 \\
x_1,\ x_2,\ x_3,\ x_4,\ x_5 \geqslant 0,\ 为整数,\ y_1,\ y_2,\ y_3,\ y_4,\ y_5 = 0,\ 1
\end{cases}$$

取 $M = 10\,000$，以上整数规划的最优解为：

$$y_1 = 1,\ y_2 = 1,\ y_3 = 1,\ y_4 = 0,\ y_5 = 0;$$

$$x_1 = 155\ 件,\ x_2 = 745\ 件,\ x_3 = 50\ 件,\ x_4 = 65\ 件,\ x_5 = 0\ 件$$

最大利润为 $z = 19\,285$ 元。

（3）产品 1 和产品 2 不能同时安排生产。

相应的约束条件为：

$$y_1 + y_2 \leqslant 1$$

完整的整数规划模型为

$$\max z = 24x_1 + 18x_2 + 21x_3 + 17x_4 + 22x_5$$

$$s.t. \begin{cases} 5x_1+x_2+3x_3+2x_4+4x_5 \leqslant 1\,800 \\ 3x_2+4x_3+x_4+5x_5 \leqslant 2\,500 \\ 3x_1+2x_2+x_3+3x_4+2x_5 \leqslant 2\,200 \\ x_1-My_1 \leqslant 0 \\ x_2-My_2 \leqslant 0 \\ x_3-My_3 \leqslant 0 \\ x_4-My_4 \leqslant 0 \\ x_5-My_5 \leqslant 0 \\ y_1+y_2 \leqslant 1 \\ x_1,\ x_2,\ x_3,\ x_4,\ x_5 \geqslant 0,\ 为整数,\ y_1,\ y_2,\ y_3,\ y_4,\ y_5=0,\ 1 \end{cases}$$

取 $M=10\,000$，以上整数规划的最优解为：

$y_1=0$，$y_2=1$，$y_3=1$，$y_4=1$，$y_5=0$；

$x_1=0$ 件，$x_2=435$ 件，$x_3=205$ 件，$x_4=375$ 件，$x_5=0$ 件

最大利润为 $z=18\,510$ 元。

模型的最优解选择了产品 1 不安排生产，让产品 2 生产，这样的经济效益最好。

（4）如果产品 4 安排生产，产品 5 必须生产，而且至少产品 50 件。

相应的约束条件为

$y_5 \geqslant y_4$

$x_5 \geqslant 50y_5$

完整的整数规划模型为

$\max z=24x_1+18x_2+21x_3+17x_4+22x_5$

$$s.t.\begin{cases} 5x_1+x_2+3x_3+2x_4+4x_5 \leqslant 1\,800 \\ 3x_2+4x_3+x_4+5x_5 \leqslant 2\,500 \\ 3x_1+2x_2+x_3+3x_4+2x_5 \leqslant 2\,200 \\ x_1-My_1 \leqslant 0 \\ x_2-My_2 \leqslant 0 \\ x_3-My_3 \leqslant 0 \\ x_4-My_4 \leqslant 0 \\ x_5-My_5 \leqslant 0 \\ -y_1+y_5 \geqslant 0 \\ x_5-50y_5 \geqslant 0 \\ x_1,\ x_2,\ x_3,\ x_4,\ x_5 \geqslant 0,\ 为整数,\ y_1,\ y_2,\ y_3,\ y_4,\ y_5=0,\ 1 \end{cases}$$

取 M=10 000，以上整数规划的最优解为：

y_1=1，y_2=1，y_3=1，y_4=0，y_5=0；

x_1=188 件，x_2=809 件，x_3=17 件，x_4=0 件，x_5=0 件

最大利润为 z=19 431 元。

和上面一样，整数规划的最优解不让假定的条件（如果产品 4 安排生产）出现，也就是选择产品 4 不生产，产品 5 也不生产。

例 4.2 考虑固定成本的最小生产费用问题

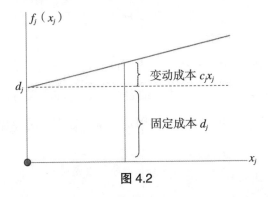

图 4.2

在最小成本问题中，设第 j 种设备（j=1，2，…，n）运行的固定成本

为 d_i，运行的变动成本为 c_j，则生产成本与产量 x_j 的关系为

$$f_j(x_j) \begin{cases} 0 & \text{当 } x_j=0 \\ d_j+c_jx_j & \text{当 } x_j>0 \end{cases}$$

也就是说，一台设备如果不开工，则既没有固定成本，也没有变动成本，成本为 0，如果设备开工，无论生产量是多少，就会有固定成本 d_j，以及变动成本 c_jx_j。设 0–1 变量 y_j 表示第 j 台设备（$j=1$，2，$\cdots$，n）是否开工，目标函数表示为

$$\min z = \sum_{j=1}^{n}c_jx_j + \sum_{j=1}^{n}d_jy_j$$

同时，为了表示设备开工与否和产量的逻辑关系，建立相应的约束条件

$$x_j \leqslant My_j \qquad j=1，2，\cdots，n$$

这里 M 是一个很大的正数。

从以上约束条件可以看出，当 $y_j=0$ 时，$x_j=0$；即第 j 种设备不运行，相应的运行成本

$$z = d_jy_j + c_jx_j = 0$$

当 $y_j=1$ 时，$0 \leqslant x_j \leqslant M$，实际上对产量 x_j 没有限制，这时相应的运行成本为

$$z = d_j + c_jx_j$$

请看以下的数字例子。

某炼焦厂用原煤为原料生产焦炭，同时可以得到焦炉煤气和煤焦油。该厂有四台炼焦炉 A，B，C，D，四台炼焦炉每吨原煤可以产出的焦炭、煤气和煤焦油以及这四台炼焦炉的固定成本、处理每吨原煤的变动成本见表 4–2 所示：

表 4-2

	炼焦炉	A	B	C	D
产品	焦炭（吨／吨原煤）	0.64	0.68	0.71	0.73
	煤气（m³／吨原煤）	23	25	27	28
	煤焦油（吨／吨原煤）	0.12	0.15	0.17	0.19
成本	固定成本（元）	400	1 200	2 600	3 100
	变动成本（元／吨原煤）	85	81	78	76
	生产能力（吨原煤）	100	150	200	250

要求焦炭的产量不低于 280 吨，煤气的产量不低于 10 000 M^3，煤焦油的产量不低于 60 吨，编制使总成本（包括固定成本和变动成本）最低的四台炼焦炉的原煤分配计划。

设分配给四台炼焦炉的原煤分别为 x_1，x_2，x_3，x_4 吨。如果忽略固定成本，这是一个线性规划问题。

$\min z = 85x_1 + 81x_2 + 78x_3 + 76x_4$

$$s.t. \begin{cases} 0.64x_1 + 0.68x_2 + 0.71x_3 + 0.73x_4 \geqslant 280 \\ 23x_1 + 25x_2 + 27x_3 + 28x_4 \geqslant 10\ 000 \\ 0.12x_1 + 0.15x_2 + 0.17x_3 + 0.19x_4 \geqslant 60 \\ x_1 \leqslant 100,\ x_2 \leqslant 150,\ x_3 \leqslant 200,\ x_4 \leqslant 250 \\ x_1,\ x_2,\ x_3,\ x_4 \geqslant 0 \end{cases}$$

这个线性规划问题的最优解为 $x_1 = x_2 = 0$，$x_3 = 137.32$，$x_4 = 250$，最小总成本为 $z = 29\ 711.27$ 元。

如果考虑固定成本，要引进四个 0—1 变量 y_1，y_2，y_3，y_4，和四个约束条件

$$x_1 \leqslant My_1,\ x_2 \leqslant My_2,\ x_3 \leqslant My_3,\ x_4 \leqslant My_4$$

并且在目标函数中加上固定成本函数，构成如下的整数规划问题

$\min z = 85x_1 + 81x_2 + 78x_3 + 76x_4 + 400y_1 + 1\ 200y_2 + 2\ 600y_3 + 3\ 100y_4$

$$s.t. \begin{cases} 0.64x_1+0.68x_2+0.71x_3+0.73x_4 \geqslant 280 \\ 23x_1+25x_2+27x_3+28x_4 \geqslant 10\,000 \\ 0.12x_1+0.15x_2+0.17x_3+0.19x_4 \geqslant 60 \\ x_1-My_1 \leqslant 0 \\ x_2-My_2 \leqslant 0 \\ x_3-My_3 \leqslant 0 \\ x_4-My_4 \leqslant 0 \\ x_1 \leqslant 100,\ x_2 \leqslant 150,\ x_3 \leqslant 200,\ x_4 \leqslant 250 \\ x_1,\ x_2,\ x_3,\ x_4 \geqslant 0,\ y_1,\ y_2,\ y_3,\ y_4=0,\ 1 \end{cases}$$

令 M=10 000，这个 0–1 混合规划的最优解为

y_1=0，y_2=1，y_3=0，y_4=1；x_1=0，x_2=143.38，x_3=0，x_4=250

即设备 A 和设备 C 不开工，设备 B 和设备 D 开工，分别分配原煤 143.38 吨和 250 吨给设备 B 和设备 D，最小总成本为 34 913.97 元。其中设备 B 的固定成本为 1 200 元，变动成本为 11 613.97 元；设备 D 的固定成本为 3 100 元，变动成本为 19 000 元。

下面我们就来介绍两种整数规划的求解方法。

4.2 割平面法

割平面法是求解整数规划的基本方法之一。割平面的基本思想是：首先放弃变量的整数要求，求得线性规划的最优解。如果最优解恰是一个整数解，则线性规划的最优解就是相应的整数规划的最优解。如果线性规划的最优解不是整数解，则要求构造一个新的约束，对线性规划问题的可行域进行切割，切除已经得到的线性规划的最优解，但保留原可行域中所有的整数解，求解新的线性规划问题，如果最优解仍不是整数解，再增加附加的约束将其切除，但仍保持最初可行域中所有的整数解，如此一直进行，直至得到一个整数的最优解为止。

设放弃变量整数要求得到的线性规划的最优单纯形表如下：

C_b	x_b	c_1 x_1	...	c_r x_r	...	c_m x_m	c_{m+1} x_{m+1}	...	c_j x_j	...	c_n x_n	RHS
c_1	x_1	1	...	0	...	0	$y_{1,\,m+1}$	...	$y_{1,\,m+1}$	...	$y_{1,\,m+1}$	b_1
	...	...	...	...	...	...	...		...			...
c_r	x_r	0	...	1	...	0	$y_{r,\,m+1}$	...	$y_{r,\,m+1}$	...	$y_{r,\,m+1}$	b_r
	...	...	...	...	...	...	...		...			...
c_m	x_m	0	...	0	...	1	$y_{m,\,m+1}$	...	$y_{m,\,m+1}$	...	$y_{m,\,m+1}$	b_m
σ_j		0	...	0	...	0	$z_{m+1}-c_{m+1}$	...	$z_{m+1}-c_{m+1}$	...	$z_{m+1}-c_{m+1}$	z^0

其中 x_1，x_r，x_m 为基变量，x_{m+1}，x_j，x_n 为非基变量。设其中基变量 x_r 的值 b_r 不是整数，且

$$b_r = I_r + F_r$$

其中 I_r 是 b_r 的整数部分，F_r 是小数部分，即

$$I_r = 0，1，2，\cdots，\qquad 0 < F_r < 1$$

设 I_{rj} 是 y_{rj} 的整数部分，F_{rj} 是小数部分，则

$$y_{rj} = I_{rj} + F_{rj}$$

其中

$$I_{rj} = 0，\pm 1，\pm 2，\cdots，$$

由于 y_{rj} 可能是整数，因此

$$0 \leqslant F_{rj} \leqslant 1$$

这样，第 r 个约束成为

$$x_r + \sum_{j=m+1}^{n} y_{rj} x_j = b_r \qquad （4-1）$$

将 y_{rj} 和 b_r 写成整数部分和小数部分

$$x_r + \sum_{j=m+1}^{n} \left(I_{rj} + F_{rj} \right) x_j = I_r + F_r$$

$$\text{或 } x_r + \sum_{j=m+1}^{n} I_{rj} x_j - I_r = F_r - \sum_{j=m+1}^{n} F_{rj} x_j \tag{4-2}$$

由于 $F_r < 1$，以及 $\sum_{j=m+1}^{n} F_{rj} x_j \geqslant 0$

因此对于（4-2）中的任何（整数或非整数的）可行解，有

$$x_r + \sum_{j=m+1}^{n} I_{rj} x_j - I_r = F_r - \sum_{j=m+1}^{n} F_{rj} x_j < 1 \tag{4-3}$$

对于任何可行的整数解，x_r 和 x_j 都是整数，因此 $x_r + \sum_{j=m+1}^{n} I_{rj} x_j - I_r$ 是整数，即

$$x_r + \sum_{j=m+1}^{n} I_{rj} x_j - I_r = \cdots, \ -2, \ -1, \ 0$$

因此对于整数可行解，约束（4-2）可以写成更严格的不等式

$$x_r + \sum_{j=m+1}^{n} I_{rj} x_j - I_r = F_r - \sum_{j=m+1}^{n} F_{rj} x_j \leqslant 0 \tag{4-4}$$

将线性规划（非整数）的最优解

$$(x_1 \cdots x_r \cdots x_m, \ x_{m+1} \cdots x_j \cdots x_n) = (b_1 \cdots b_r, \ \cdots b_m, \ 0 \cdots 0 \cdots 0)$$

代入（4-4）的左边，得到

$$F_r - \sum_{j=m+1}^{n} F_{rj} x_j = F_r > 0$$

线性规划（非整数）的最优解不满足（4-4）。因此，约束（4-4）具有以下性质：

（1）线性规划可行域中的任何整数解都满足这个约束；

（2）线性规划的（非整数）最优解不满足这个约束。

这样，在原线性规划的约束条件基础上增加约束（4-4），新的可行域将切除原线性规划非整数的最优解而保留所有整数可行解。

例 4.3 用割平面法求解以下整数规划

$\min z = 3x_1 + 4x_2$

$$s.t. \begin{cases} 3x_1 + x_2 \geqslant 4 \\ x_1 + 2x_2 \geqslant 4 \\ x_1, \ x_2 \geqslant 0 \\ x_1, \ x_2 \text{ 为整数} \end{cases}$$

先用对偶单纯形法求相应的线性规划问题，得到最优单纯形表

		-3	-4	0	0	
C_b	x_b	x_1	x_2	x_3	x_4	RHS
-3	x_1	1	0	$-2/5$	$1/5$	$4/5$
-4	x_2	0	1	$1/5$	$-3/5$	$8/5$
	σ_j	0	0	$-2/5$	$-9/5$	$-44/5$

选择一个非整数的基变量，例如 $x_2 = 8/5$，构造约束条件（4-4），其中

$$b_2 = 8/5 = 1 + 3/5, \quad I_2 = 1, \quad F_2 = 3/5$$

$$y_{23} = 1/5 = 0 + 1/5, \quad I_{23} = 0, \quad F_{23} = 1/5$$

$$y_{24} = -3/5 = -1 + 2/5, \quad I_{24} = -1, \quad F_{24} = 2/5$$

附加的约束条件 $F_r - \sum\limits_{j=m+1}^{n} F_{rj}x_j \leqslant 0$ 为

$$3/5 - (1/5 x_3 + 2/5 x_4) \leqslant 0$$

即 $1/5 x_3 + 2/5 x_4 \geqslant 3/5$

将这个约束加到线性规划的最优单纯形表中，并增加一个松弛变量

x_5，得到

		-3	-4	0	0	0	
C_b	x_b	x_1	x_2	x_3	x_4	x_5	RHS
-3	x_1	1	0	$-2/5$	$1/5$	0	$4/5$
-4	x_2	0	1	$1/5$	$-3/5$	0	$8/5$
0	x_5	0	0	$[-1/5]$	$-2/5$	1	$-3/5$
	σ_j	0	0	$-2/5$	$-9/5$	0	$44/5$

用对偶单纯形法，x_5 离基，x_3 进基

C_b	x_b	x_1	x_2	x_3	x_4	x_5	RHS
		−3	−4	0	0	0	
−3	x_1	1	0	0	1	−2	2
−4	x_2	0	1	0	−1	1	1
0	x_3	0	0	1	2	−5	3
	σ_j	0	0	0	−1	−2	−10

已获得整数的最优解。

为了得到切割约束 $1/5x_3+2/5x_4 \geqslant 3/5$ 在 $(x_1，x_2)$ 平面中的表达式，将其中的松弛变量 x_3，x_4 用 x_1，x_2 表示

$$x_3=3x_1+x_2-4，\quad x_4=x_1+x_2-4$$

代入切割约束，得到

$$x_1+x_2-3 \geqslant 3$$

这个切割的图解如图 4.3。

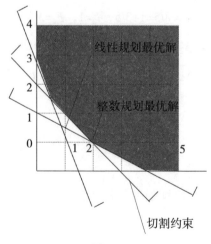

图 4.3

4.3 分枝定界法

分枝定界法（Branch and Bound，简称 B&B）的基本思想如下：

首先不考虑变量的整数约束，求解相应的线性规划问题，得到线性规划的最优解。设线性规划问题

$$\min z = C^T X$$

$$s.t. \quad AX = b$$

$$X \geqslant 0$$

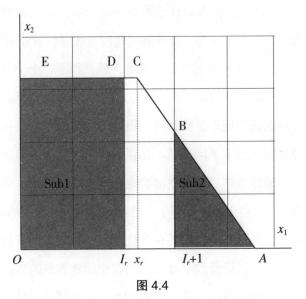

图 4.4

的可行域如图 4.4 中 OABCDE（示意图），并设最优解位于 C。如果这个最优解中所有的变量都是整数，则已经得到整数规划的最优解。如果其中某一个变量 x_r 不是整数，则在可行域中除去一块包含这个最优解但不包含任何整数解的区域 $I_r < x_r < I_r+1$（其中 I_r 是变量 x_r 的整数部分），线性规划的可行域被划分成不相交的两部分，分别以这两部分区域作为可行域，用原来的目标函数，构造两个子问题 Sub1 和 Sub2：

Sub1	Sub2
$\min z = C^T X$	$\min z = C^T X$
$s.t. \quad AX = b$	$s.t. \quad AX = b$
$x_r \leq I_r$	$x_r \geq I_r$
$X \geq 0$	$X \geq 0$

由于这两个子问题的可行域都是原线性规划问题可行域的子集，这两个子问题的最优解的目标函数值都不会比原线性规划问题的最优解的目标函数值更小。如果这两个问题的最优解仍不是整数解，则继续选择一个非整数的变量，继续将这个子问题分解为两个更下一级的子问题。这个过程称为"分枝（Branch）"。在分枝过程中，每一次分枝得到的子问题最优解的目标函数值，都大于或等于分枝前问题的最优解的目标函数值。

如果某一个子问题的最优解是整数解，就获得了一个整数可行解，这个子问题的目标函数值要记录下来，作为整数规划最优目标函数值的上界。如果某一个子问题的解还不是整数解，但这个非整数解的目标函数值已经超过这个上界，那么这个子问题就不必再进行分枝，因为继续分枝即使得到整数解，这个整数解的目标函数值必定要大于（或等于）分枝以前问题的目标函数值，因而也大于（或等于）已经获得的整数规划的目标函数值，因此不可能是最优的整数解。如果在分枝过程中得到新的整数解且该整数解的目标函数值小于已记录的上界，则用较小的整数解的目标函数值代替原来的上界。上界的值越小，就可以避免更多不必要的分枝。这个确定整数解目标函数值上界并不断更新上界，并且不断"剪除"目标函数值超过上界的分枝的过程，称为定界（Bound）。

当最低一层子问题出现以下三种情况之一时，分枝定界算法终止：

（1）子问题无可行解；

（2）子问题已获得整数解；

（3）子问题的目标函数值超过上界。

例 4.4 用分枝定界法求解以下整数规划

$\min z = -2x_1 - 3x_2$

$$s.t. \begin{cases} 5x_1 + 7x_2 \leqslant 35 \\ 4x_1 + 9x_2 \leqslant 36 \\ x_1,\ x_2 \geqslant 0 \\ x_1,\ x_2\ 为整数 \end{cases}$$

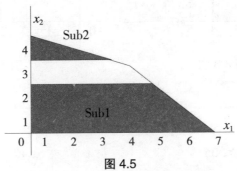

图 4.5

先求得相应的线性规划的最优解，为 $x_1 = 3\dfrac{12}{17}$，$x_2 = 2\dfrac{6}{17}$，$z = -14\dfrac{8}{17}$

取 $x_2 = 2\dfrac{6}{17}$ 分割可行域，得到以下两个子问题：

Sub-1

$$\min z = -2x_1 - 3x_2$$
$$s.t. \begin{cases} 5x_1 + 7x_2 \leqslant 35 \\ 4x_1 + 9x_2 \leqslant 36 \\ x_2 \leqslant 2 \\ x_1,\ x_2 \geqslant 0 \end{cases}$$

Sub-2

$$\min z = -2x_1 - 3x_2$$
$$s.t. \begin{cases} 5x_1 + 7x_2 \leqslant 35 \\ 4x_1 + 9x_2 \leqslant 36 \\ x_2 \geqslant 3 \\ x_1,\ x_2 \geqslant 0 \end{cases}$$

Sub1 的最优解为 $x_1 = 4\dfrac{1}{5}$，$x_2 = 2$，$z = 14\dfrac{2}{5}$，取 $x_1 = 4\dfrac{1}{5}$ 对可行域进

行分割，得到子问题 Sub3 和 Sub4。

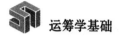

Sub2 的最优解为 $x_1 = 2\frac{1}{4}$，$x_2 = 3$，$z = -13\frac{1}{2}$，$z = -13\frac{1}{2} > \bar{z} = -14$ 停止分枝。

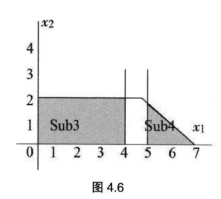

图 4.6   图 4.7

Sub–3

$$\min z = -2x_1 - 3x_2$$

$$s.t. \begin{cases} 5x_1 + 7x_2 \leq 35 \\ 4x_1 + 9x_2 \leq 36 \\ x_2 \leq 2 \\ x_1 \leq 4 \\ x_1,\ x_2 \geq 0 \end{cases}$$

Sub–4

$$\min z = -2x_1 - 3x_2$$

$$s.t. \begin{cases} 5x_1 + 7x_2 \leq 35 \\ 4x_1 + 9x_2 \leq 36 \\ x_2 \leq 2 \\ x_1 \geq 5 \\ x_1,\ x_2 \geq 0 \end{cases}$$

Sub–3 的最优解为 $x_1 = 4$，$x_2 = 2$，$z = -14$，获得整数解，取得上界 $\bar{z} = -14$，停止分枝。

Sub–4 的最优解为 $x_1 = 5$，$x_2 = 1\frac{3}{7}$，$z = -14\frac{2}{7}$，取 $x_2 = 1\frac{3}{7}$ 对可行域进行分割，得到子问题 Sub–5 和 Sub–6。

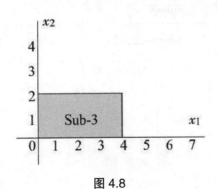

图 4.8

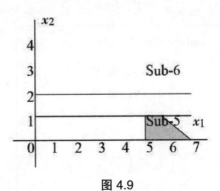

图 4.9

Sub-5

$$\min z = -2x_1 - 3x_2$$
$$s.t. \begin{cases} 5x_1 + 7x_2 \leqslant 35 \\ 4x_1 + 9x_2 \leqslant 36 \\ x_2 \leqslant 2 \\ x_1 \geqslant 5 \\ x_2 \leqslant 1 \\ x_1,\ x_2 \geqslant 0 \end{cases}$$

Sub-6

$$\min z = -2x_1 - 3x_2$$
$$s.t. \begin{cases} 5x_1 + 7x_2 \leqslant 35 \\ 4x_1 + 9x_2 \leqslant 36 \\ x_2 \leqslant 2 \\ x_1 \geqslant 5 \\ x_2 \geqslant 2 \\ x_1,\ x_2 \geqslant 0 \end{cases}$$

Sub-5 的最优解为 $x_1 = 5\frac{3}{5}$，$x_2 = 1$，$z = -14\frac{1}{5}$，取 $x_1 = 5\frac{3}{5}$ 对可行域进行分割，得到子问题 Sub-7 和 Sub-8。

Sub-6 的可行域是空集，停止分枝。

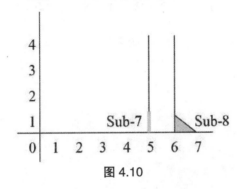

图 4.10

Sub–7

$$\min z = -2x_1 - 3x_2$$

$$s.t. \begin{cases} 5x_1 + 7x_2 \leq 35 \\ 4x_1 + 9x_2 \leq 36 \\ x_2 \leq 2 \\ x_1 \geq 5 \\ x_2 \leq 1 \\ x_1 \leq 5 \\ x_1,\ x_2 \geq 0 \end{cases}$$

Sub–8

$$\min z = -2x_1 - 3x_2$$

$$s.t. \begin{cases} 5x_1 + 7x_2 \leq 35 \\ 4x_1 + 9x_2 \leq 36 \\ x_2 \leq 2 \\ x_1 \geq 5 \\ x_2 \leq 1 \\ x_1 \geq 6 \\ x_1,\ x_2 \geq 0 \end{cases}$$

Sub–7 的最优解为 $x_1=5$，$x_2=1$，$z=-13$ 获得整数解，停止分枝。由于 $z=-13 > \bar{z}=-14$，上界仍保持为 $\bar{z}=-14$。

Sub–8 的最优解为 $x_1=6$，$x_2=\dfrac{5}{7}$，$z=-14\dfrac{3}{7}$，取 $x_2=\dfrac{5}{7}$ 对可行域进行分割，得到子问题 Sub–9 和 Sub–10。

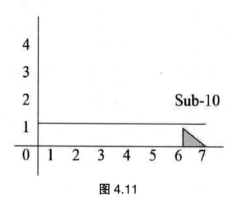

图 4.11

Sub-9

$$\min z = -2x_1 - 3x_2$$

$$s.t. \begin{cases} 5x_1 + 7x_2 \leqslant 35 \\ 4x_1 + 9x_2 \leqslant 36 \\ x_2 \geqslant 3 \\ x_1 \geqslant 5 \\ x_2 \geqslant 2 \\ x_1 \geqslant 6 \\ x_2 \leqslant 0 \\ x_1,\ x_2 \geqslant 0 \end{cases}$$

Sub-10

$$\min z = -2x_1 - 3x_2$$

$$s.t. \begin{cases} 5x_1 + 7x_2 \leqslant 35 \\ 4x_1 + 9x_2 \leqslant 36 \\ x_2 \geqslant 3 \\ x_1 \geqslant 5 \\ x_2 \geqslant 2 \\ x_1 \geqslant 6 \\ x_2 \geqslant 1 \\ x_1,\ x_2 \geqslant 0 \end{cases}$$

Sub-9 的最优解为 $x_1=7$，$x_2=0$，$z=-14$，Sub-10 的可行域是空集，停止分枝。获得整数解，$z=-14=\bar{z}=-14$，上界仍为 $\bar{z}=-14$。

至此已将所有可能分解的子问题都已分解到底，最后得到两个目标函数值相等的最优整数解：$(x_1,\ x_2)=(4,\ 0)$ 和 $(x_1,\ x_2)=(0,\ 7)$，它们的目标函数值都是 -14。

以上的搜索过程可以用一个树状图表示，由分枝定界算法可以知道，这个搜索树是一个二叉树。

不同的搜索策略会导致不同的搜索树，如果先搜索 Sub-1—Sub-3，就得到上界 $\bar{z}=-14$，然后再搜索 Sub-2，就可以知道 Sub-2 的目标函数值 $z=-13\frac{1}{2}$ 已经大于上界 $\bar{z}=-14$，就可以剪去 Sub-2 以下所有的分枝。如果先搜索 Sub-1—Sub-2，这时还没有得到任何一个整数解，因而还没有得到一个上界，因此 Sub-2 必须继续分枝。一般情况下，同一层的两个子问题，先搜索目标函数比较小的比较有利，因为这样可能得到数值比较小的上界，上界越小被剪去的分枝越多。

分枝定界算法对于混合整数规划特别有效，对没有整数要求的变量就

不必分枝，这将大大减少分枝的数量。在以上的例子中，如果 x_2 没有整数限制，只要一次分枝就可以得到最优解。

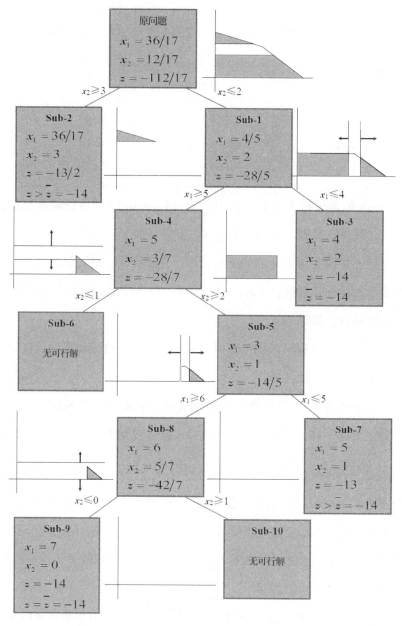

图 4.12

4.4 匈牙利法

假设有 n 件不同工作，n 位人员；分派每个人只做一件工作，每件工作恰给一个人来做。但因种种因素（如专长不同），每个人完成各件工作的所需成本（或获得利润）并不相同。而所谓指派问题就是研究如何将 n 件工作分派给 n 位人员，而使得总成本最小（或获得利润最大）。

考虑三位工人指派至三类设备的问题，一位工人仅能操作一台设备，一台设备也仅能由一位工人操作。操作的成本如下表所示：

表 4-3

	设备一	设备二	设备三
工人一	500	100	400
工人二	550	200	500
工人三	50	300	200

可以利用匈牙利法来求解指派问题。

求解前的准备工作：

此问题必须为一方阵，若非方阵，要设虚拟行（列），并令其成本为零。

若为利润问题，要利用机会成本转成成本问题。

算法步骤：

步骤 1：在每一行中每一数同时减去该行的最小数。

步骤 2：在每一列中每一数同时减去该列的最小数。

步骤 3：用最少的直线数划去表格中的所有零。检查所用直线数与列数是否相等，如果直线的数目等于列数，转步骤 6，否则转步骤 4。

步骤 4：如果直线数少于列数，则可依下面方式修正：

从每个未划线数字中减去未划线的数字中最小的数；直线交叉点的数字加上该最小数。

步骤5：重复步骤3与步骤4，直到最少的直线数与列数相等为止。

步骤6：开始进行指派，从只有一个零元素的行或列开始，每一行列只使用一种配合来配对有零的项目。

以上述题目为例，进行求解：

每一行减去该行最小值

表4-4

	设备一	设备二	设备三	Min
工人一	500-100	100-100	400-100	100
工人二	550-200	200-200	500-200	200
工人三	50-50	300-50	200-50	50

每一列减去该列最小值

表4-5

	设备一	设备二	设备三
工人一	400	0	300-150
工人二	350	0	300-150
工人三	0	250	150-150
min	0	0	150

以最少条直线划去所有0

表4-6

	设备一	设备二	设备三
工人一	400	0	150
工人二	350	0	150
工人三	0	250	0

直线数为2 ≠ 列数3，需要调整。未被直线划去的最小元素为150。

表4-7

	设备一	设备二	设备三
工人一	400-150	0	150-150
工人二	350-150	0	150-150
工人三	0	250+150	0

表 4-8

	设备一	设备二	设备三
工人一	250	0	0
工人二	200	0	0
工人三	0	400	0

以最少条直线划去所有 0

表 4-9

	设备一	设备二	设备三
工人一	250	0	0
工人二	200	0	0
工人三	0	400	0

直线数为 3= 列数 3，已求得最优解。

开始进行指派。

指派结果一：

工人三指派给设备一

工人一指派给设备二

工人二指派给设备三

指派结果二：

工人三指派给设备一

工人一指派给设备三

工人二指派给设备二

4.5 整数规划的应用

4.5.1 最优装载问题

例 4.5 有一卫星，最大装载重量为 W 吨，现有 k 种装备，每种装备数

量无限。第 i 种装备每件重量为 w_i 吨，价值 v_i 单位。每种装备各取多少件装入卫星，使其中卫星的总价值最高。

设取第 i 种装备 x_i 件（$i=1$, 2, $\cdots$, k），则规划问题可以写为

$$\max z=v_1x_1+v_2x_2+\cdots+v_kx_k$$

$$s.t. \begin{cases} w_1x_1+w_2x_2+\cdots+w_kx_k \leqslant W \\ x_1, x_2, \cdots, x_k \geqslant 0 \\ x_1, x_2, \cdots, x_k \text{ 为整数} \end{cases}$$

如果忽略变量为整数的要求，这个问题成为线性规划问题，k 个变量中将只有一个基变量大于 0，其余 $k-1$ 个非基变量都等于 0，而且这个大于 0 的基变量一般情况下是非整数。这样的解显然是没有意义的。例如卫星容量为 50 吨，三种装备的重量和价值见表 4–10。

表 4–10

	物品 1	物品 2	物品 3
重量（吨/件）	10	41	20
价值（万元/件）	17	72	35

设三种装备分别取 x_1, x_2, x_3 件，这个背包问题整数规划模型为

$$\max z=17x_1+72x_2+35x_3$$

$$s.t. \begin{cases} 10x_1+41x_2+20x_3 \leqslant 50 \\ x_1, x_2, x_3 \geqslant 0 \\ x_1, x_2, x_3 \text{ 是整数} \end{cases}$$

如果忽略变量的整数要求，以上问题是一个线性规划问题，它的最优解为 $x_1=0$，$x_2=\dfrac{50}{41}$，$x_3=0$ 最优解的目标函数值为 $z=72\times50\div41=87.8$ 而整数规划的最优解是 $x_1=1$，$x_2=0$，$x_3=2$，整数规划最优解的目标函数值为 $z=87$。

4.5.2　仓库选址问题

例 4.6 在 5 个地点中选 3 处建仓库，在这 5 个地点建库所需投资，占用农田，建成以后的储存能力等数据见表 4–11。

表 4–11

地点	1	2	3	4	5
所需投资（万元）	320	280	240	210	180
占用农田（亩）	20	18	15	11	8
储存能力（万吨）	70	55	42	28	11

现在有总投资 800 万元，占用农田指标 60 亩，应如何选择地点，使建成后总储存能力最大。

设五个 0–1 变量 x_1，x_2，x_3，x_4，x_5，其中

$$x_i = \begin{cases} 0 & \text{表示在 } i \text{ 地不建库} \\ 1 & \text{表示在 } i \text{ 地建库} \end{cases} \quad i=1,\ 2,\ 3,\ 4,\ 5$$

整数规划模型为

$$\max z = 70x_1 + 55x_2 + 42x_3 + 28x_4 + 11x_5$$

$$s.t. \begin{cases} 320x_1 + 280x_2 + 240x_3 + 210x_4 + 180x_5 \leqslant 800 \\ 20x_1 + 18x_2 + 15x_3 + 11x_4 + 8x_5 \leqslant 60 \\ x_1 + x_2 + x_3 + x_4 + x_5 = 3 \\ x_1,\ x_2,\ x_3,\ x_4,\ x_5 = 0,\ 1 \end{cases}$$

这是一个 0–1 规划问题。这个 0–1 规划问题的最优解为 $x_1=1$，$x_2=0$，$x_3=1$，$x_4=1$，$x_5=0$，$\max z=140$ 万吨。

即在地点 1、3、4 建库，地点 2、5 不建库。总投资 770 万元，占用农地 46 亩，总储存能力可以达到 140 万吨。

4.5.3　人员分配问题

例 4.7 有 n 个人，预定安排 n 个任务。每人都分配一个任务，每个任

务都交付给一个人。由第 i 个人从事第 j 项任务的收益为 c_{ij}。求使效益最大的分配方案。

例如，安排四个人完成 4 项任务。每人从事不同任务带来的效果见表 4–12，试求能够带来最大效益的分配方案。四个人每人只能选择一项任务，每一项任务只能由一人来做。

表 4–12

	任务 1	任务 2	任务 3	任务 4
人 1	92	68	85	76
人 2	82	91	77	63
人 3	83	90	74	65
人 4	93	61	83	75

设 x_{ij}（i=1，2，3，4；j=1，2，3，4）为第 i 个人是否从事第 j 项任务，x_{ij} 只能取值 0 或 1，其意义如下：

$$x_{ij}=\begin{cases} 0 & \text{第 } i \text{ 个人不从事第 } j \text{ 项任务} \\ 1 & \text{第 } i \text{ 个人被指派完成第 } j \text{ 项任务} \end{cases}$$

变量 x_{ij} 与人 i 以及任务 j 的关系见表 4–13。

表 4–13

i \ j	任务 1	任务 2	任务 3	任务 4
人 1	x_{11}	x_{12}	x_{13}	x_{14}
人 2	x_{21}	x_{22}	x_{23}	x_{24}
人 3	x_{31}	x_{32}	x_{33}	x_{34}
人 4	x_{41}	x_{42}	x_{43}	x_{44}

这个指派问题的线性规划模型为：

$$\max z=92x_{11}+68x_{12}+85x_{13}+76x_{14}+82x_{21}+91x_{22}+77x_{23}+63x_{24}+83x_{31}+90x_{32}+$$
$$74x_{33}+65x_{34}+93x_{41}+61x_{42}+83x_{43}+75x_{44}$$

$$s.t. \begin{cases} x_{11}+x_{12}+x_{13}+x_{14}=1 & （1） \\ x_{21}+x_{22}+x_{23}+x_{24}=1 & （2） \\ x_{31}+x_{32}+x_{33}+x_{34}=1 & （3） \\ x_{41}+x_{42}+x_{43}+x_{44}=1 & （4） \\ x_{11}+x_{21}+x_{31}+x_{41}=1 & （5） \\ x_{12}+x_{22}+x_{32}+x_{42}=1 & （6） \\ x_{13}+x_{23}+x_{33}+x_{43}=1 & （7） \\ x_{14}+x_{24}+x_{34}+x_{44}=1 & （8） \\ x_{ij}=0,\ 1 \end{cases}$$

这个问题的变量只能取值 0 或 1，这样的线性规划问题成为 0–1 规划。

一般的指派问题线性规划模型如下：

设：$x_{ij}=\begin{cases} 0 & 第\ i\ 个人不从事第\ j\ 项任务 \\ 1 & 第\ i\ 个人被指派完成第\ j\ 项任务 \end{cases}$

得到以下的线性规划模型：

$$\min（\max）z=\sum_{i=1}^{n}\sum_{j=1}^{n}c_{ij}x_{ij}$$

$$s.t. \begin{cases} \sum_{i=1}^{n}x_{ij}=1 & j=1,\ 2,\ \cdots,\ n \\ \sum_{j=1}^{n}x_{ij}=1 & i=1,\ 2,\ \cdots,\ n \\ x_{ij}=0,\ 1 \end{cases}$$

习 题

1. 分别用割平面法和分枝定界法求以下整数规划问题

$\max z=x_1+4x_2$

$$s.t. \begin{cases} 14x_1+42x_2 \leqslant 196 \\ -x_1+2x_2 \leqslant 5 \\ x_1,\ x_2 \geqslant 0 \end{cases}$$

2. 用分枝定界法求解以下混合整数规划问题

$\max z = 3x_1 + 7x_2$

$$s.t. \begin{cases} 2x_1 + 3x_2 \leqslant 12 \\ -x_1 + x_2 \leqslant 2 \\ x_1, x_2 \geqslant 0 \\ x_1 \text{ 为整数} \end{cases}$$

3. 求解以下整数规划问题

$\max z = 65x_1 + 80x_2 + 30x_3$

$$s.t. \begin{cases} 2x_1 + 3x_2 + x_3 \leqslant 5 \\ x_1, x_2, x_3 \geqslant 0 \\ x_1, x_2, x_3 \text{ 为整数} \end{cases}$$

4. 某项任务有四项工作，需要四个单位完成，因时间限制，每单位只能完成其中一项，单位 B_J 完成项目 A_I 所需时间如下表所示。求使总完成时间最少的分配方案。

	B_1	B_2	B_3	B_4
A_1	35	45	39	43
A_2	31	40	41	41
A_3	33	41	39	41
A_4	32	43	35	39

5. 某省队有三种不同类型的射击枪支拟分配给 A、B、C、D 四名射击选手，每名射手使用不同的枪支命中率如下表所示，问：如何安排，使得总射击效果最好？

	A	B	C	D
M_1	0.4	0.9	0.8	0.5
M_2	0.9	0.8	0	0.2
M_3	0.6	0.8	0.7	0.8

第 5 章　　动态规划

　　动态规划是运筹学的一个分支，是由美国数学家贝尔曼（Richard Bellman）及他的学生们一同建立和发展起来的一种解决多阶段决策问题的优化方法。多阶段决策问题是生活中较为常见的问题，该问题要求决策者在问题的每一个阶段都要做出决策，最后才能形成解决问题的方案，当问题的阶段多、规模大时往往很难作出问题的最优决策。所以，本章在介绍动态规划的基本概念和理论的基础上介绍了多阶段决策问题的动态规划求解方法，并列举了动态规划求解方法的应用。

5.1　动态规划问题

　　例 5.1 某应急抢险队接到命令，要在最短时间内由 A 地到达 E 地执行任务。A、E 之间有多条道路可以通行。每两站之间的距离由图 5.1 线旁边的数字表示。试确定一条能最快到达目的地的路线。

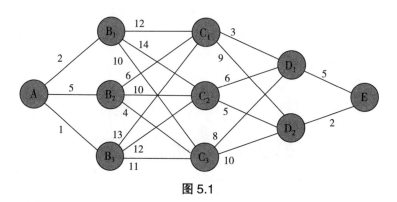

图 5.1

如果用穷举法，则从 A 到 E 一共有 $3 \times 3 \times 2 = 18$ 条不同的路径，逐个计算每条路径的长度，总共需要进行 $4 \times 18 = 72$ 次加法计算；对 18 条路径的长度做两两比较，找出其中最短的一条，总共要进行 $18-1=17$ 次比较。如果从 A 到 C 的站点有 k 个，则总共有 $3^{k-1} \times 2$ 条路径，用穷举法求最短路径总共要进行 $(k+1) 3^{k-1} \times 2$ 次加法，$3^{k-1} \times 2-1$ 次比较。当 k 的值增加时，需要进行的加法和比较的次数将迅速增加。例如当 $k=10$ 时，加法次数为 433 026 次，比较 39 365 次。

以上这道求从 A 到 E 的最短路径问题，可以转化为三个性质完全相同，但规模较小的子问题，即分别从 B_1、B_2、B_3 到 E 的最短路径问题。

记从 B_i（$i=1$，2，3）到 E 的最短路径为 $S(B_i)$，则从 A 到 E 的最短距离 $S(A)$ 可以表示为：

$$S(A) = \min \begin{Bmatrix} AB_1 + S(B_1) \\ AB_2 + S(B_2) \\ AB_3 + S(B_3) \end{Bmatrix} = \min \begin{Bmatrix} 2 + S(B_1) \\ 5 + S(B_2) \\ 1 + S(B_3) \end{Bmatrix}$$

同样，计算 $S(B_1)$ 又可以归结为性质完全相同，但规模更小的问题，即分别求 C_1，C_2，C_3 到 E 的最短路径问题 $S(C_i)$（$i=1$，2，3），而求 $S(C_i)$ 又可以归结为求 $S(D_1)$ 和 $S(D_2)$ 这两个子问题。从图 5.1 可以看出，在这个问题中，$S(D_1)$ 和 $S(D_2)$ 是已知的，它们分别是：

$S(D_1) = 5$，$S(D_2) = 2$

因而，可以从这两个值开始，逆向递归计算 $S(A)$ 的值。计算过程如下：

$$S(C_1) = \min \begin{Bmatrix} C_1D_1+S(D_1) \\ C_1D_2+S(D_2) \end{Bmatrix} = \min \begin{Bmatrix} 3+S(D_1) \\ 9+S(D_2) \end{Bmatrix} = \min \begin{Bmatrix} 3+5 \\ 9+2 \end{Bmatrix} = 8, \; C_1 \rightarrow D_1$$

$$S(C_2) = \min \begin{Bmatrix} C_2D_1+S(D_1) \\ C_2D_2+S(D_2) \end{Bmatrix} = \min \begin{Bmatrix} 6+S(D_1) \\ 5+S(D_2) \end{Bmatrix} = \min \begin{Bmatrix} 6+5 \\ 5+2 \end{Bmatrix} = 7, \; C_2 \rightarrow D_2$$

$$S(C_3) = \min \begin{Bmatrix} C_3D_1+S(D_1) \\ C_3D_2+S(D_2) \end{Bmatrix} = \min \begin{Bmatrix} 8+S(D_1) \\ 10+S(D_2) \end{Bmatrix} = \min \begin{Bmatrix} 8+5 \\ 10+2 \end{Bmatrix} = 12, \; C_3 \rightarrow D_2$$

即

$S(C_1) = 8$ 且如果到达 C_1，则下一站应到达 D_1；

$S(C_2) = 7$ 且如果到达 C_2，则下一站应到达 D_2；

$S(C_3) = 12$ 且如果到达 C_3，则下一站应到达 D_2。

由此，可以计算 $S(B_i)$：

$$S(B_1) = \min \begin{Bmatrix} B_1C_1+S(C_1) \\ B_1C_2+S(C_2) \\ B_1C_3+S(C_3) \end{Bmatrix} = \min \begin{Bmatrix} 12+S(C_1) \\ 14+S(C_2) \\ 10+S(C_3) \end{Bmatrix} = \min \begin{Bmatrix} 12+8 \\ 14+7 \\ 10+12 \end{Bmatrix} = 20, \; B_1 \rightarrow C_1$$

$$S(B_2) = \min \begin{Bmatrix} B_2C_1+S(C_1) \\ B_2C_2+S(C_2) \\ B_2C_3+S(C_3) \end{Bmatrix} = \min \begin{Bmatrix} 6+S(C_1) \\ 10+S(C_2) \\ 4+S(C_3) \end{Bmatrix} = \min \begin{Bmatrix} 6+8 \\ 10+7 \\ 4+12 \end{Bmatrix} = 14, \; B_2 \rightarrow C_1$$

$$S(B_3) = \min \begin{Bmatrix} B_3C_1+S(C_1) \\ B_3C_2+S(C_2) \\ B_3C_3+S(C_3) \end{Bmatrix} = \min \begin{Bmatrix} 13+S(C_1) \\ 12+S(C_2) \\ 11+S(C_3) \end{Bmatrix} = \min \begin{Bmatrix} 13+8 \\ 12+7 \\ 11+12 \end{Bmatrix} = 19, \; B_3 \rightarrow C_2$$

即

S（B_1）=20 且如果到达 B_1，则下一站应到达 C_1；

S（B_2）=14 且如果到达 B_2，则下一站应到达 C_1；

S（B_3）=19 且如果到达 B_3，则下一站应到达 C_2。

由此，可以计算 S（A）：

$$S（\text{A}）= \min\begin{Bmatrix} \text{AB}_1+S（\text{B}_1） \\ \text{AB}_2+S（\text{B}_2） \\ \text{AB}_3+S（\text{B}_3） \end{Bmatrix} = \min\begin{Bmatrix} 2+S（\text{B}_1） \\ 5+S（\text{B}_2） \\ 1+S（\text{B}_3） \end{Bmatrix} = \min\begin{Bmatrix} 2+20 \\ 5+14 \\ 1+19 \end{Bmatrix} = 19，\text{A} \rightarrow \text{B}_2，$$

最后，可以得到：从 A 到 E 的最短路径为 $\text{A} \rightarrow \text{B}_2 \rightarrow \text{C}_1 \rightarrow \text{D}_1 \rightarrow \text{E}$

以上计算过程及结果，可用图 5.2 表示，可以看到，以上方法不仅得到了从 A 到 E 的最短路径，同时，也得到了从图中任一点到 E 的最短路径。

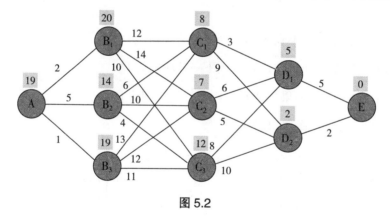

图 5.2

以上过程，仅用了 18 次加法，11 次比较，计算效率远高于穷举法。

5.2　动态规划的基本概念

由例 5.1 可以看出，动态规划问题具有以下基本特征：

（1）问题具有多阶段决策的特征。阶段可以按时间或空间划分。

（2）每一阶段都有相应的"状态"与之对应，描述状态的量称为"状态变量"。

（3）每一阶段都面临一个决策，选择不同的决策将会导致下一阶段不同的状态，同时，不同的决策将会导致这一阶段不同的目标函数值。

（4）每一阶段的最优解问题可以递推地归结为下一阶段各个可能状态的最优解问题，各子问题与原问题具有完全相同的结构。能否构造这样的递推归结，是解决动态规划问题的关键。这种递推归结的过程，称为"不变嵌入"。

为了将以上特征形式化，我们提出以下动态规划的基本概念。

阶段：表示决策顺序的离散的量，阶段一般是根据时间和空间的自然特征来划分，但要便于把问题的过程转化为多阶段决策的过程。描述阶段的变量称为阶段变量，常用 k 表示。

状态：状态表示每个阶段开始所处的自然或客观条件，是能确定地表示决策过程当前特征的量。整个过程的发展变化可以通过状态的演变来说明。状态可以是数量，也可以是字符，数量状态可以是连续的，也可以是离散的。

状态变量：描述过程状态的变量称为状态变量。表示每一状态可以取不同值的变量。通常用 s_k 表示第 k 个阶段的状态变量。

决策（Decision）：当过程的某个阶段初始状态给定之后，由此状态出发向下一阶段状态转移时可以有多种选择，做出某种选择就叫决策。决策是所在状态的函数，记为 $u_k(s_k)$。在状态 s_k 下，决策变量取值的全体称为允许决策集合。第 k 阶段从状态 s_k 出发的允许决策集合记为 $D_k(s_k)$。

状态转移方程：对于多阶段决策过程而言，如果已给定第 k 阶段状态变量 s_k 的值，则在该阶段的决策变量 u_k 确定之后，第 $k+1$ 阶段状态的值也就随之确定。这样，可以把第 $k+1$ 阶段状态变量看成是 s_k，u_k 的函数，记

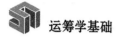

为 $s_{k+1}=T(s_k, u_k)$。

阶段指标函数： 从状态 s_k 出发，选择决策 u_k 所产生的第 k 阶段指标，记为 $v_k(s_k, u_k)$。

策略： 由第一阶段到最后阶段，各阶段的决策序列叫决策过程的一个策略，记为 $P_{1,n}(s_1)$，即 $P_{1,n}(s_1)=\{u_1(s_1), u_2(s_2), \cdots, u_n(s_n)\}$。

由第 k 阶段开始直到终点的过程，叫 k 后部子过程；由第 1 阶段到第 k 阶段的过程，叫 k 先行子过程。

指标函数： 衡量所取定策略下，实现的过程优劣的数量指标，称为指标函数。对第 k 阶段的后部子过程来说，指标函数是从状态 S_k 出发，选择决策 u_k，u_{k+1}，$\cdots$，u_n 所产生的过程指标，以 $V_{k, n}$ 表示。即：

$$V_{k, n}=V_{k, n}(s_k, u_k; s_{k+1}, u_{k+1}; \cdots; s_n, u_n)\ (k=1, 2, \cdots, n)$$

在不同性质的问题中，指标函数的含义不同，可以表示距离、时间、费用、歼敌数的数学期望等。

动态规划要求过程指标具有可分离性，即

$$V_{k, n}=\sum_{j=k}^{n} v_j(s_j, u_j)$$

称指标具有可加性，或

$$V_{k, n}=\prod_{j=k}^{n} v_j(s_j, u_j)$$

称指标具有可乘性。

上两式中，$v_j(s_j, u_j)$ 表示第 j 阶段效益指标。

最优指标函数： $f_k(s_k)$：对于给定的子过程，最优策略的指标函数称为最优指标函数，记为 $f_k(s_k)$。表示从状态 S_k 出发，对所有的策略 $P_{k, n}$，过程指标 $V_{k, n}$ 的最优值，即

$$f_k(s_k)=\max_{u_k \in D_k(s_k)}(\min)\{V_{k, n}(S_k, P_{k, n})\}$$

对于可加性指标函数，上式可以写为

$$f_k(s_k) = \max_{u_k \in D_k(s_k)} (\min) \{ v_k(s_k, u_k) + f_{k+1}(s_{k+1}) \} \quad k=n, n-1, \cdots, 1$$

并有 $k=n$ 时，$f_{n+1}(s_{n+1})=0$

对于可乘性指标函数，上式可以写为

$$f_k(s_k) = \max_{u_k \in D_k(s_k)} (\min) \{ v_k(s_k, u_k) \times f_{k+1}(s_{k+1}) \} \quad k=n, n-1, \cdots, 1$$

并有 $k=n$ 时，$f_{n+1}(s_{n+1})=1$

以上式子称为动态规划最优指标的递推方程，是动态规划的基本方程。

最优化原理： 在多阶段决策过程中，最优策略具有如下性质，即不论先前的状态和决策是什么，对于由先前的决策所造成的状态来说，后续采取的决策，必然构成一个最优策略。即，一个最优策略的子策略总是最优的。

例 5.2　利用以上基本概念，重新求解例 5.1。

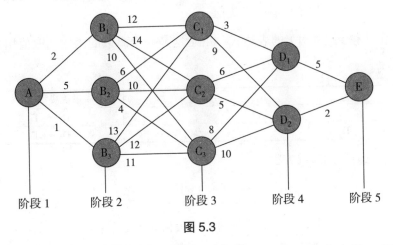

图 5.3

将问题分成五个阶段，第 k 阶段到达的具体地点用状态变量 s_k 表示，例如，$s_2=B_3$ 表示第二阶段到达位置 B_3。这里状态变量取字符值而不是数值。

将决策定义为到达下一站所选择的路径，例如目前的状态是 $s_2=B_3$，这时决策允许集合包含三个决策，它们是

$D_2 (s_2) = D_2 (B_3) = \{ B_3 \to C_1,\ B_3 \to C_2,\ B_3 \to C_3 \}$

最优指标函数 $f_k (s_k)$ 表示从目前状态到 E 的最短路径。终端条件为

$f_5 (s_5) = f_5 (E) = 0$

其含义是从 A 到 E 的最短路径为 0。

第四阶段的递推方程为:

$$f_4 (s_4) = \min_{u_4 \in D_4(s_4)} \{ v_4 (s_4,\ u_4) + f_5 (s_5) \}$$

从 $f_5 (s_5)$ 到 $f_4 (s_4)$ 的递推过程如下所示:

s_4	$D_4 (s_4)$	s_5	$v_4 (s_4,\ u_4)$	$v_4 (s_4,\ u_4) + f_5 (s_5)$	$f_4 (s_4)$	最优决策 u_4^*
D_1	$D_1 \to E$	E	5	5+0=5*	5	$D_1 \to E$
D_2	$D_2 \to E$	E	2	2+0=2*	2	$D_2 \to E$

其中 * 表示最优值,在上表中,由于决策允许集合 $D_4 (s_4)$ 中的决策是唯一的,因此这个值就是最优值。

由此得到 $f_4 (s_4)$ 的表达式。由于这是一个离散的函数,取值用列表表示为:

s_4	$f_4 (s_4)$	最优决策 u_4^*
D_1	5	$D_1 \to E$
D_2	2	$D_2 \to E$

第三阶段的递推方程为:

$$f_3 (s_3) = \min_{u_3 \in D_3(s_3)} \{ v_3 (s_3,\ u_3) + f_4 (s_4) \}$$

从 $f_4 (s_4)$ 到 $f_3 (s_3)$ 的递推过程用表格表示如下:

s_3	$D_3 (s_3)$	s_4	$v_3 (s_3,u_3)$	$v_3 (s_3,u_3) + f_4 (s_4)$	$f_3 (s_3)$	最优决策 u_3^*
C_1	$C_1 \to D_1$	D_1	3	3+5=8*	8	$C_1 \to D_1$
	$C_1 \to D_2$	D_2	9	9+2=11		
C_2	$C_2 \to D_1$	D_1	6	6+5=11	7	$C_2 \to D_2$
	$C_2 \to D_2$	D_2	5	5+2=7*		
C_3	$C_3 \to D_1$	D_1	8	8+5=13	12	$C_3 \to D_2$
	$C_3 \to D_2$	D_2	10	10+2=12*		

由此得到 $f_3(s_3)$ 的表达式：

s_3	$f_3(s_3)$	最优决策 u_3^*
C_1	8	$C_1 \to D_1$
C_2	7	$C_2 \to D_2$
C_3	12	$C_3 \to D_2$

第二阶段的递推方程为：

$$f_2(s_2) = \min_{u_2 \in D_2(x_2)} \{ v_2(s_2, u_2) + f_3(s_3) \}$$

从 $f_3(s_3)$ 到 $f_2(s_2)$ 的递推过程用表格表示如下：

s_2	$D_2(s_2)$	s_3	$v_2(s_2,u_2)$	$v_2(s_2,u_2)+f_3(s_3)$	$f_2(s_2)$	最优决策 u_2^*
B_1	$B_1 \to C_1$	C_1	12	12+8=20*	20	$B_1 \to C_1$
	$B_1 \to C_2$	C_2	14	14+7=21		
	$B_1 \to C_3$	C_3	10	10+12=22		
B_2	$B_2 \to C_1$	C_1	6	6+8=14*	14	$B_2 \to C_1$
	$B_2 \to C_2$	C_2	10	10+7=17		
	$B_2 \to C_3$	C_3	4	4+12=16		
B_3	$B_3 \to C_1$	C_1	13	13+8=21	19	$B_3 \to C_2$
	$B_3 \to C_2$	C_2	12	12+7=19*		
	$B_3 \to C_3$	C_3	11	11+12=23		

由此得到 $f_2(s_2)$ 的表达式：

s_2	$f_2(s_2)$	最优决策 u_2^*
B_1	20	$B_1 \to C_1$
B_2	14	$B_2 \to C_1$
B_3	19	$B_3 \to C_2$

第一阶段的递推方程为：

$$f_1(s_1) = \min_{u_1 \in D_1(s_1)} \{ v_1(s_1, u_1) + f_2(s_2) \}$$

从 $f_2(s_2)$ 到 $f_1(s_1)$ 的递推过程用表格表示如下：

s_1	$D_1(s_1)$	s_2	$v_1(s_1,u_1)$	$v_1(s_1,u_1)+f_2(s_2)$	$f_1(s_1)$	最优决策 u_1^*
A	$A \to B_1$	B_1	2	2+20=22	19	$A \to B_2$
	$A \to B_2$	B_2	5	5+14=19*		
	$A \to B_3$	B_3	1	1+19=20		

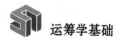

由此得到 $f_1(s_1)$ 的表达式：

s_1	$f_1(s_1)$	最优决策 u_1^*
A	19	$A \rightarrow B_2$

从表达式 $f_1(s_1)$ 可以看出，从 A 到 E 的最短路径长度为 19。由 $f_1(s_1)$ 向 $f_4(s_4)$ 回溯，得到最短路径为：

$$A \rightarrow B_2 \rightarrow C_1 \rightarrow D_1 \rightarrow E$$

5.3 动态规划的应用

5.3.1 资源分配问题

分配问题是动态规划应用的重要方面。设有一定数量（比如 n）的某种物资，分配给 m 个单位，x_k 是分配给第 k 个单位的数量，且效率指标为 $g_k(x_k)$。问：各单位各应分配多少，以使总效率指标 $\sum_{k=1}^{m} g_k(x_k)$ 为最大？这个问题可以形成如下的规划问题：

$$\max z = \sum_{k=1}^{m} g_k(x_k)$$

$$s.t. \begin{cases} x_1 + x_2 + \cdots + x_m = n \\ x_1, \ x_2, \ \cdots, \ x_m \geq 0 \end{cases}$$

若 $g_k(x_k)$ 是线性函数，这就是线性规划问题；若 $g_k(x_k)$ 是非线性函数，这就是非线性规划问题。这些问题都有各自的解决方法，但也可化为动态规划问题来解。

例 5.3 某公司有 4 台先进生产设备分配给下属 A、B、C 三个单位，各单位得到此种设备后，所带来的收益见下表，单位万元。

表 5-1

数量 \ 单位	A	B	C
0	0	0	0
1	15	13	11
2	28	29	30
3	40	43	45
4	51	55	58

问：怎样分配，才能使带来的收益最大？

解：把这个分配问题看成三个阶段的过程，每分配一个单位作为一个阶段。设状态变量 s_k 为对单位 $1, \cdots,$ 单位 $k-1$ 分配后剩余的设备数量；决策变量 u_k 为分配给第 k 个单位的设备数量；决策允许集合为 $0 \leq u_k \leq s_k$

状态转移方程：$s_{k+1} = s_k - u_k$；

阶段指标：$v_k(s_k, u_k)$ 见表中所示；

递推方程：$f_k(s_k) = \max \{ v_k(s_k, u_k) + f_{k+1}(s_{k+1}) \}$；

终端条件：$f_4(s_4) = 0$

$k=4$，$f_4(s_4) = 0$

$k=3$，$0 \leq u_3 \leq s_3$，$s_4 = s_3 - u_3$。

表 5-2

s_3	$D_3(s_3)$	s_4	$v_3(s_3, u_3)$	$v_3(s_3, u_3) + f_4(s_4)$	$f_3(s_3)$	u_3^*
0	0	0	0	0+0=0	0	0
1	0	1	0	0+0=0	11	1
	1	0	11	11+0=11*		
2	0	2	0	0+0=0	30	2
	1	1	11	11+0=11		
	2	0	30	30+0=30*		
3	0	3	0	0+0=0	45	3
	1	2	11	11+0=11		
	2	1	30	30+0=30		
	3	0	45	45+0=45*		

续表

s_3	$D_3(s_3)$	s_4	$v_3(s_3, u_3)$	$v_3(s_3, u_3)+f_4(s_4)$	$f_3(s_3)$	u_3^*
4	0	4	0	0+0=0	58	4
	1	3	11	11+0=11		
	2	2	30	30+0=30		
	3	1	45	45+0=45		
	4	0	58	58+0=58*		

$k=2$，$0 \leqslant u_2 \leqslant s_2$，$s_3=s_2-u_2$

s_2	$D_2(s_2)$	s_3	$v_2(s_2, u_2)$	$v_2(s_2, u_2)+f_3(s_3)$	$f_2(s_2)$	u_2^*
0	0	0	0	0+0=0	0	0
1	0	1	0	0+11=11	13	1
	1	0	13	13+0=13*		
2	0	2	0	0+30=30*	30	0
	1	1	13	13+11=24		
	2	0	29	29+0=29		
3	0	3	0	0+45=45*	45	0
	1	2	13	13+30=43		
	2	1	29	29+11=40		
	3	0	43	43+0=43		
4	0	4	0	0+58=58	59	2
	1	3	13	13+45=58		
	2	2	29	29+30=59*		
	3	1	43	43+11=54		
	4	0	55	55+0=55		

$k=1$，$0 \leqslant u_1 \leqslant s_1$，$s_2=s_1-u_1$

s_1	$D_1(s_1)$	s_2	$v_1(s_1, u_1)$	$v_1(s_1, u_1)+f_2(s_2)$	$f_1(s_1)$	u_1^*
4	0	4	0	0+59=59	60	1
	1	3	15	15+45=60*		
	2	2	28	28+30=58		
	3	1	40	40+13=53		
	4	0	51	51+0=51		

最优解为 $s_1=4$，$u_1^*=1$，$s_2=s_1-u_1=3$，$u_2^*=0$，$s_3=s_2-u_2^*=3$，$u_3=3$，$s_4=s_3-u_3=0$，即分配给 A 单位 1 台设备，分配给 C 单位 3 台设备，最大收益为 60 万元。

5.3.2 背包问题

背包问题是动态规划的又一类典型问题。士兵带背包执行任务，其可携带物品重量的限度为 W 公斤，设有 n 种物品可供他选择装入背包中，已知第 i 种物品每件重量为 w_i 公斤，在执行任务时的作用（价值）是携带数量 x_i 的函数 $c_i(x_i)$。问士兵应如何选择携带物品（各几件），使所起作用（总价值）最大。

这个问题可以用整数规划模型来描述。设第 i 种物品取 x_i 件（$i=1,2,\cdots$, n，x_i 为非负整数），背包中物品的价值为 f，则

$$\max f = \sum_{i=1}^{n} c_i(x_i)$$

$$s.t. \begin{cases} \sum_{i=1}^{n} w_i x_i \leqslant W \\ x_i \geqslant 0 \text{ 且为整数, } i=1, 2, \cdots, n \end{cases}$$

设按可装入物品的几种类型划分为 n 个阶段，则可用动态规划来解。

状态变量 s_k：第 k 次装载时背包还可以装载的重量；

决策变量 u_k：第 k 次装载第 k 种物品的件数；

决策允许集合：$D_k(s_k) = \{ u_k \mid 0 \leqslant u_k \leqslant s_k/w_k,\ u_k \text{ 为整数} \}$；

状态转移方程：$s_{k+1} = s_k - w_k u_k$；

阶段指标：$v_k = c_k u_k$；

递推方程：$f_k(s_k) = \max \{ c_k u_k + f_{k+1}(s_{k+1}) \} = \max \{ c_k u_k + f_{k+1}(s_k - w_k u_k) \}$；

终端条件：$f_{n+1}(s_{n+1}) = 0$。

例 5.4 某厂生产三种产品，各种产品的重量与利润关系如下表所示。现将三种产品运往市场出售。运输能力总量不超过 5 吨，问如何安排运输使得总利润为最大？

表 5-3

种类	单件重量 / 吨	单件利润 / 元
1	2	65
2	3	80
3	1	30

$c_1=65$，$c_2=80$，$c_3=30$

$w_1=2$，$w_2=3$，$w_3=1$

用动态规划求解

对于 $k=3$

$$f_3(s_3) = \max_{0 \leq u_3 \leq s_3/w_3} \{c_3 u_3 + f_4(s_4)\}$$
$$= \max_{0 \leq u_3 \leq s_3/w_3} \{30u_3\}$$

列出 $f_3(s_3)$ 的数值表

$f_3(s_3)$

s_3	$D_3(s_3)$	s_4	$30u_3+f_4(s_4)$	$f_3(s_3)$	u_3^*
0	0	0	0+0=0	0	0
	0	1	0+0=0		
1	1	0	30+0=30*	30	1
	0	2	0+0=0		
2	1	1	30+0=30	60	2
	2	0	60+0=60*		
	0	3	0+0=0		
3	1	2	30+0=30	90	3
	2	1	60+0=60		
	3	0	90+0=90*		
	0	4	0+0=0		
	1	3	30+0=30		
4	2	2	0+0=60	120	4
	3	1	690+0=90		
	4	0	120+0=120*		
	0	5	0+0=0		
	1	4	30+0=30		
5	2	3	60+0=60	150	5
	3	2	90+0=90		
	4	1	120+0=120		
	5	0	150+0=150*		

对于 $k=2$

$$f_2(s_2) = \max_{0 \le u_2 \le s_2/w_2} \{ c_2u_2+f_3(s_3) \}$$

$$= \max_{0 \le u_2 \le s_2/3} \{ 80u_2+f_3(s_2-3u_2) \}$$

列出 $f_2(s_2)$ 的数值表

$f_2(s_2)$

s_2	$D_2(s_2)$	s_3	$80u_2+f_3(s_3)$	$f_2(s_2)$	u_2*
0	0	0	$0+f_3(0)=0+0=0*$	0	0
1	0	1	$0+f_3(1)=0+30=30*$	30	0
2	0	2	$0+f_2(2)=0+60=60*$	60	0
3	0	3	$0+f_3(3)=0+90=90*$	90	0
	1	0	$80+f_3(0)=80+0=80$		
4	0	4	$0+f_3(4)=0+120=120*$	120	0
	1	1	$80+f_3(1)=80+30=110$		
5	0	5	$0+f_3(5)=0+150=150*$	150	0
	1	2	$80+f_3(2)=80+60=140$		

对于 $k=1$

$$f_1(s_1) = \max_{0 \le u_1 \le s_1/w_1} \{ c_1u_1+f_2(s_2) \}$$

$$= \max_{0 \le u_1 \le s_1/2} \{ 65u_1+f_2(s_1-2u_1) \}$$

列出 $f_1(s_1)$ 的数值表

$f_1(s_1)$

s_1	$D_1(s_1)$	s_2	$65u_1+f_2(s_2)$	$f_1(s_1)$	u_1*
0	0	0	$0+f_2(0)=0+0=0*$	0	0
1	0	1	$0+f_2(1)=0+30=30*$	30	0
2	0	2	$0+f_2(2)=0+60=60$	65	1
	1	0	$65+f_2(0)=65+0=65*$		
3	0	3	$0+f_2(3)=0+90=90$	95	1
	1	1	$65+f_2(1)=65+30=95*$		
4	0	4	$0+f_2(4)=0+120=120$	130	2
	1	2	$65+f_2(2)=65+60=125$		
	2	0	$130+f_2(0)=130+0=130*$		
5	0	5	$0+f_2(5)=0+150=150$	160	2
	1	3	$65+f_2(3)=65+90=155$		
	2	1	$130+f_2(1)=130+30=160*$		

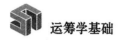

由题意知，$s_1=5$，由表 $f_1(s_1)$、$f_2(s_2)$、$f_3(s_3)$，经回溯可得：

$u_1^*=2$，$s_2=s_1-2u_1=1$，$u_2^*=0$，$s_3=s_2-3u_2=1$，$u_3^*=1$，$s_4=s_3-u_3=0$，即应运输第一种物品 2 件，第三种物品 1 件，最高价值为 160 元，背包没有余量。

由 $f_1(s_1)$ 的列表可以看出，如果背包的容量为 $W=4$，$W=3$，$W=2$ 和 $W=1$ 时，相应的最优解立即可以得到。

5.3.3　生产库存问题

例 5.5 一个工厂生产某种产品，1 ~ 7 月份生产成本和产品需求量的变化情况如下表：

表 5-4

月份（k）	1	2	3	4	5	6	7
生产成本（c_k）	11	18	13	17	20	10	15
需求量（r_k）	0	8	5	3	2	7	4

为了调节生产和需求，工厂设有一个产品仓库，库容量 $H=9$。已知期初库存量为 2，要求期末（七月底）库存量为 0。每个月生产的产品在月末入库，月初根据当月需求发货。求七个月的生产量，能满足各月的需求，并使生产成本最低。

阶段 k：月份，$k=1$，2，…，7，8；

状态变量 s_k：第 k 个月初（发货以前）的库存量；

决策变量 u_k：第 k 个月的生产量；

状态转移方程：$s_{k+1}=s_k-r_k+u_k$；

决策允许集合：$D_k(s_k)=\{u_k\,|\,u_k\geqslant 0,\ r_{k+1}\leqslant s_k+1\leqslant H\}$

$\qquad\qquad\qquad=\{u_k\,|\,u_k\geqslant 0,\ r_{k+1}\leqslant s_k-r_k+u_k\leqslant H\}$；

阶段指标：$v_k(s_k,\ u_k)=c_ku_k$；

终端条件：$f_8(s_8)=0$，$s_8=0$；

递推方程：$f_k(s_k) = \min_{u_k \in D_k(s_k)} \{ v_k(s_k, u_k) + f_{k+1}(s_{k+1}) \}$

$$= \min_{u_k \in D_k(s_k)} \{ c_k u_k + f_{k+1}(s_k - r_k + u_k) \}$$

对于 $k=7$

因为

$s_8 = 0$

有

$u_7 = 0$

递推方程为

$f_7(s_7) = \min\{ c_7 u_7 + f_8(s_8) \} = 0$

$$D_7 = 0$$

对于 $k=6$

因为 $u_7 = 0$

所以 $s_7 = r_7 = 4$

而 $s_6 - r_6 + u_6 = s_7 = 4$

因此有 $u_6 = s_7 + r_6 - s_6 = 4 + 7 - s_6 = 11 - s_6$

也是唯一的决策。因此递推方程为：

$$f_6(s_6) = \min_{u_6 = 11 - s_6} \{ c_6 u_6 + f_7(s_7) \}$$

$$= 10 u_6 = 10(11 - u_6) = 110 - 10 u_6$$

对于 $k=5$

$$f_5(s_5) = \min_{u_5 \in D_5(s_5)} \{ c_5 u_5 + f_6(s_6) \}$$

$$= \min_{u_5 \in D_5(s_5)} \{ 20 u_5 + 110 - 10 s_6 \}$$

$$= \min_{u_5 \in D_5(s_5)} \{ 20 u_5 + 110 - 10(s_5 - r_5 + u_5) \}$$

$$= \min_{u_5 \in D_5(s_5)} \{ 20 u_5 + 110 - 10(s_5 - 2 + u_5) \}$$

$$=\min_{u_5 \in D_5(s_5)}\{10u_5-10s_5+130\}$$

$$D_5(s_5)=\{u_5|\ u_5 \geqslant 0,\ r_6 \leqslant s_5-r_5+u_5 \leqslant H\}$$

$$=\{u_5|\ u_5 \geqslant 0,\ r_6+r_5-s_5 \leqslant u_5 \leqslant H+r_5-s_5\}$$

$$=\{u_5|\ u_5 \geqslant 0,\ 9-s_5 \leqslant u_5 \leqslant 11-s_5\}$$

因为 $s_5 \leqslant H=9$，因此 $9-s_5 \geqslant 0$，决策允许集合可以简化为

$$D_5(s_5)=\{u_5|\ 9-s_5 \leqslant u_5 \leqslant 11-s_5\}$$

递推方程成为

$$f_5(s_5)=\min_{9-s_5 \leqslant u_5 \leqslant 11-s_5}\{10u_5-10s_5+130\}$$

$$=10(9-s_5)-10s_5+130$$

$$=220-20s_5, \qquad u_5^*=9-s_5$$

对于 $k=4$

$$f_4(s_4)=\min_{u_4 \in D_4(s_4)}\{c_4u_4+f_5(s_5)\}$$

$$=\min_{u_4 \in D_4(s_4)}\{17u_4+220-20s_5\}$$

$$=\min_{u_4 \in D_4(s_4)}\{17u_4+220-20(s_4-r_4+u_4)\}$$

$$=\min_{u_4 \in D_4(s_4)}\{17u_4+220-20(s_4-3+u_4)\}$$

$$=\min_{u_4 \in D_4(s_4)}\{-3u_4-20s_4+280\}$$

$$D_4(s_4)=\{u_4|\ u_4 \geqslant 0,\ r_5 \leqslant s_4-r_4+u_4 \leqslant H\}$$

$$=\{u_4|\ u_4 \geqslant 0,\ r_5+r_4-s_4 \leqslant u_4 \leqslant H+r_4-s_4\}$$

$$=\{u_4|\ u_4 \geqslant 0,\ 5-s_4 \leqslant u_5 \leqslant 12-s_4\}$$

$$=\{u_4|\ max[0,\ 5-s_4] \leqslant u_4 \leqslant 12-s_4\}$$

由于在 $f_4(s_4)$ 的表达式中 u_4 的系数是 -3，因此 u_4 在决策允许集合中应取集合中的最大值，

即 $u_4=12-s_4$

由此 $f_4(s_4)=-3(12-s_4)-20s_4+280$

$$=-17s_4+244$$

对于 $k=3$

$$f_3(s_3)=\min_{u_3\in D_3(s_3)}\{c_3u_3+f_4(s_4)\}$$

$$=\min_{u_3\in D_3(s_3)}\{13u_3+244-17s_4\}$$

$$=\min_{u_3\in D_3(s_3)}\{13u_3+224-17(s_3-r_3+u_3)\}$$

$$=\min_{u_3\in D_3(s_3)}\{-4u_3-17s_3+329\}$$

$$D_3(s_3)=\{u_3|\ u_3\geqslant 0,\ r_4\leqslant s_3-r_3+u_3\leqslant H\}$$

$$=\{u_3|\ u_3\geqslant 0,\ r_4+r_3-s_3\leqslant D_3\leqslant H+r_3-s_3\}$$

$$=\{u_3|\ u_3\geqslant 0,\ 8-s_3\leqslant u_3\leqslant 14-s_3\}$$

$$=\{u_3|\ max\ [0,\ 8-s_3]\leqslant u_3\leqslant 12-s_3\}$$

由此 $f_3(s_3)=-4(14-s_3)-17s_3+329$

$$=-13s_3+273, \qquad u_3*=14-s_3$$

对于 $k=2$

$$f_2(s_2)=\min_{u_2\in D_2(s_2)}\{c_2u_2+f_3(s_3)\}$$

$$=\min_{u_2\in D_2(s_2)}\{18u_2+273-13s_3\}$$

$$=\min_{u_2\in D_2(s_2)}\{18u_2+273-13(s_2-r_2+u_2)\}$$

$$=\min_{u_2\in D_2(s_2)}\{18u_2+273-13(s_2-8+u_2)\}$$

$$=\min_{u_2\in D_2(s_2)}\{5u_2-13s_2+377\}$$

$$D_2(s_2)=\{u_2|\ u_2\geqslant 0,\ r_3\leqslant s_2-r_2+u_2\leqslant H\}$$

$$=\{u_2|\ u_2\geqslant 0,\ r_3+r_2-s_2\leqslant u_2\leqslant H+r_2-s_2\}$$

$$=\{ u_2 |\ u_2 \geqslant 0,\ 13-s_2 \leqslant u_2 \leqslant 17-s_2\}$$

因为 $13-s_2>0$

所以 $D_2(s_2) =\{u_2|13-s_2 \leqslant u_2 \leqslant 17-s_2\}$

由此 $f_2(s_2) =5(13-s_2) -13s_2+377$

$$=-18s_2+442, \qquad u_2{}^*=13-s_2$$

对于 $k=1$

$$f_1(s_1) =\min_{u_1 \in D_1(s_1)}\{ c_1u_1+f_2(s_2) \}$$

$$=\min_{u_1 \in D_1(s_1)}\{ 11u_1+442-18s_2 \}$$

$$=\min_{u_1 \in D_1(s_1)}\{ 11u_1+442-18(s_1-r_1+u_1) \}$$

$$=\min_{u_1 \in D_1(s_1)}\{ 11u_1+442-18(s_1-0+u_1) \}$$

$$=\min_{u_1 \in D_1(s_1)}\{ -7u_1-18s_1+442 \}$$

$$D_1(s_1) =\{ u_1 |\ u_1 \geqslant 0,\ r_2 \leqslant s_1-r_1+u_1 \leqslant H\}$$

$$=\{ u_1 |\ u_1 \geqslant 0,\ r_2+r_1-s_1 \leqslant u_1 \leqslant H+r_1-s_1\}$$

$$=\{ u_1 |\ u_1 \geqslant 0,\ 8-s_1 \leqslant u_1 \leqslant 9-s_1\}$$

根据题意 $s_1=2$

所以 $D_1(s_1) =\{u_1|\ 6 \leqslant u_1 \leqslant 7\}$

由此 $u_1=7$

$$f_1(s_1) =-7u_1-18s_1+442$$

$$=-7 \times 7-18 \times 2+442$$

$$=357$$

将以上结果总结成下表：

表 5-5

k	1	2	3	4	5	6	7
c_k	11	18	13	17	20	10	15
r_k	0	8	5	3	2	7	4
s_k	2	9	5	9	9	7	4
u_k	7	$13-s_2=4$	$14-s_3=9$	$12-s_4=3$	$9-s_5=0$	$11-s_6=4$	0

5.3.4　设备更新问题

例 5.6 一台设备的价格为 P，运行寿命为 n 年，每年的维修费用是设备役龄的函数，记为 $C(t)$，新设备的役龄为 $t=0$。旧设备出售的价格是设备役龄的函数，记为 $S(t)$。在 n 年末，役龄为 t 的设备残值为 $R(t)$。现有一台役龄为 T 的设备，在使用过程中，使用者每年都面临"继续使用"或"更新"的策略，

阶段 k：运行年份；

状态变量 x_k：设备的役龄 t；

决策变量 D_k：

$$d_k = \begin{cases} R（\text{Replace}）\text{更新} \\ K（\text{Keep}）\text{继续使用} \end{cases}$$

状态转移方程：

$$x_{k+1} = \begin{cases} 1 & d_k=R \\ x_k+1 & d_k=K \end{cases}$$

阶段指标：

$$u_k = \begin{cases} P+C（0）-S（x_k） & d_k=R \\ C（x_k） & d_k=K \end{cases}$$

$$= \begin{cases} P+C（0）-S（t） & d_k=R \\ C（t） & d_k=K \end{cases}$$

递推方程：

$$f_k（x_k）= \min \begin{cases} P+C（0）-S（x_k）+f_{k+1}（x_{k+1}） & d_k=R \\ C（x_k）+f_{k+1}（x_{k+1}） & d_k=K \end{cases}$$

$$=\min \begin{cases} P+C\left(0\right)-S\left(t\right)+f_{k+1}\left(1\right) & d_k=R \\ C\left(t\right)+f_{k+1}\left(t+1\right) & d_k=K \end{cases}$$

终端条件：

$$f_n\left(t\right)=-R\left(t\right)$$

设具体数据如下：

表 5-6

t	0	1	2	3	4	5	6	7
$C\left(t\right)$	10	13	20	40	70	100	100	—
$S\left(t\right)$	—	32	21	11	5	0	0	0
$R\left(t\right)$	—	25	17	8	0	0	0	0

且 $n=5$，$T=2$，$P=50$

由上表开始，终端条件为：

$$f_6\left(1\right)=-25,\ f_6\left(2\right)=-17,\ f_6\left(3\right)=-8$$

$$f_6\left(4\right)=f_6\left(5\right)=f_6\left(6\right)=f_6\left(7\right)=0$$

对于 $k=5$

$$f_5\left(t\right)=\min \begin{cases} P+C\left(0\right)-S\left(t\right)+f_6\left(1\right) & d_5=R \\ C\left(t\right)+f_6\left(t+1\right) & d_5=K \end{cases}$$

$$f_5\left(1\right)=\min \begin{cases} P+C\left(0\right)-S\left(1\right)+f_6\left(1\right) \\ C\left(1\right)+f_6\left(2\right) \end{cases}=\min \begin{cases} 50+10-32+\left(-25\right) \\ 13+\left(-17\right) \end{cases}$$

$$=\min \begin{cases} 3 \\ -4 \end{cases}=-4,\ d_5^*=K$$

$$f_5\left(2\right)=\min \begin{cases} P+C\left(0\right)-S\left(2\right)+f_6\left(1\right) \\ C\left(2\right)+f_6\left(3\right) \end{cases}=\min \begin{cases} 50+10-21+\left(-25\right) \\ 20+\left(-8\right) \end{cases}$$

$$=\min \begin{cases} 14 \\ 12 \end{cases}=12,\ d_5^*=K$$

$$f_5(3) = \min \begin{vmatrix} P+C(0)-S(3)+f_6(1) \\ C(3)+f_6(4) \end{vmatrix} = \min \begin{vmatrix} 50+10-11+(-25) \\ 40+0 \end{vmatrix}$$

$$= \min \begin{vmatrix} 24 \\ 40 \end{vmatrix} = 24, \quad d_5^* = R$$

$$f_5(4) = \min \begin{vmatrix} P+C(0)-S(4)+f_6(1) \\ C(4)+f_6(5) \end{vmatrix} = \min \begin{vmatrix} 50+10-5+(-25) \\ 70+0 \end{vmatrix}$$

$$= \min \begin{vmatrix} 30 \\ 70 \end{vmatrix} = 30, \quad d_5^* = R$$

$$f_5(5) = \min \begin{vmatrix} P+C(0)-S(5)+f_6(1) \\ C(5)+f_6(6) \end{vmatrix} = \min \begin{vmatrix} 50+10-0+(-25) \\ 100+0 \end{vmatrix}$$

$$= \min \begin{vmatrix} 35 \\ 100 \end{vmatrix} = 35, \quad d_5^* = R$$

$$f_5(6) = \min \begin{vmatrix} P+C(0)-S(6)+f_6(1) \\ C(6)+f_6(7) \end{vmatrix} = \min \begin{vmatrix} 50+10-0+(-25) \\ 100+0 \end{vmatrix}$$

$$= \min \begin{vmatrix} 35 \\ 100 \end{vmatrix} = 35, \quad d_5^* = R$$

对于 $k=4$

$$f_4(t) = \min \begin{vmatrix} P+C(0)-S(t)+f_5(1) \\ C(t)+f_5(t+1) \end{vmatrix} \quad \begin{matrix} d_4=R \\ d_4=K \end{matrix}$$

$$f_4(1) = \min \begin{vmatrix} P+C(0)-S(1)+f_5(1) \\ C(1)+f_5(2) \end{vmatrix} = \min \begin{vmatrix} 50+10-32+(-4) \\ 13+12 \end{vmatrix}$$

$$= \min \begin{vmatrix} 24 \\ 25 \end{vmatrix} = 24, \quad d_4^* = R$$

$$f_4(2) = \min \begin{vmatrix} P+C(0)-S(2)+f_5(1) \\ C(2)+f_5(3) \end{vmatrix} = \min \begin{vmatrix} 50+10-21+(-4) \\ 20+24 \end{vmatrix}$$

$$= \min \begin{vmatrix} 35 \\ 44 \end{vmatrix} = 35, \ d_4^* = R$$

$$f_4(3) = \min \begin{vmatrix} P+C(0)-S(3)+f_5(1) \\ C(3)+f_5(4) \end{vmatrix} = \min \begin{vmatrix} 50+10-11+(-4) \\ 40+30 \end{vmatrix}$$

$$= \min \begin{vmatrix} 45 \\ 70 \end{vmatrix} = 45, \ d_4^* = R$$

$$f_4(4) = \min \begin{vmatrix} P+C(0)-S(4)+f_5(1) \\ C(4)+f_5(5) \end{vmatrix} = \min \begin{vmatrix} 50+10-5+(-4) \\ 70+35 \end{vmatrix}$$

$$= \min \begin{vmatrix} 51 \\ 105 \end{vmatrix} = 51, \ d_4^* = R$$

$$f_4(5) = \min \begin{vmatrix} P+C(0)-S(5)+f_5(1) \\ C(5)+f_5(6) \end{vmatrix} = \min \begin{vmatrix} 50+10-0+(-4) \\ 100+35 \end{vmatrix}$$

$$= \min \begin{vmatrix} 56 \\ 135 \end{vmatrix} = 56, \ d_5^* = R$$

对于 $k=3$

$$f_3(t) = \min \begin{vmatrix} P+C(0)-S(t)+f_4(1) \\ C(t)+f_4(t+1) \end{vmatrix} \qquad \begin{matrix} d_3=R \\ d_3=K \end{matrix}$$

$$f_3(1) = \min \begin{vmatrix} P+C(0)-S(1)+f_4(1) \\ C(1)+f_4(2) \end{vmatrix} = \min \begin{vmatrix} 50+10-32+24 \\ 13+35 \end{vmatrix}$$

$$= \min \begin{vmatrix} 52 \\ 48 \end{vmatrix} = 48, \ d_3^* = K$$

$$f_3(2) = \min \begin{vmatrix} P+C(0)-S(2)+f_4(1) \\ C(2)+f_4(3) \end{vmatrix} = \min \begin{vmatrix} 50+10-21+24 \\ 20+45 \end{vmatrix}$$

$$= \min \begin{vmatrix} 63 \\ 65 \end{vmatrix} = 63, \quad d_3{}^*=R$$

$$f_3(3) = \min \begin{vmatrix} P+C(0)-S(3)+f_4(1) \\ C(3)+f_4(4) \end{vmatrix} = \min \begin{vmatrix} 50+10-11+24 \\ 40+51 \end{vmatrix}$$

$$= \min \begin{vmatrix} 73 \\ 91 \end{vmatrix} = 73, \quad d_3{}^*=R$$

$$f_3(4) = \min \begin{vmatrix} P+C(0)-S(4)+f_4(1) \\ C(4)+f_4(5) \end{vmatrix} = \min \begin{vmatrix} 50+10-5+24 \\ 70+56 \end{vmatrix}$$

$$= \min \begin{vmatrix} 79 \\ 126 \end{vmatrix} = 79, \quad d_3{}^*=R$$

对于 $k=2$

$$f_2(t) = \min \begin{vmatrix} P+C(0)-S(t)+f_3(1) & \qquad d_2=R \\ C(t)+f_3(t+1) & \qquad d_2=K \end{vmatrix}$$

$$f_2(1) = \min \begin{vmatrix} P+C(0)-S(1)+f_3(1) \\ C(1)+f_3(2) \end{vmatrix} = \min \begin{vmatrix} 50+10-32+48 \\ 13+63 \end{vmatrix}$$

$$= \min \begin{vmatrix} 76 \\ 76 \end{vmatrix} = 76, \quad d_2{}^*=K \quad 或者\ d_2{}^*=R$$

$$f_2(2) = \min \begin{vmatrix} P+C(0)-S(2)+f_3(1) \\ C(2)+f_3(3) \end{vmatrix} = \min \begin{vmatrix} 50+10-21+48 \\ 20+73 \end{vmatrix}$$

$$= \min \begin{vmatrix} 87 \\ 93 \end{vmatrix} = 87, \quad d_2{}^*=R$$

$$f_2(3) = \min \begin{vmatrix} P+C(0)-S(3)+f_3(1) \\ C(3)+f_3(4) \end{vmatrix} = \min \begin{vmatrix} 50+10-11+48 \\ 40+79 \end{vmatrix}$$

$$= \min \begin{vmatrix} 97 \\ 119 \end{vmatrix} = 97, \quad d_2{}^* = R$$

对于 $k=1$

$$f_1(t) = \min \begin{vmatrix} P+C(0)-S(t)+f_2(1) \\ C(t)+f_2(t+1) \end{vmatrix} \qquad \begin{matrix} d_1=R \\ d_1=K \end{matrix}$$

$$f_1(2) = \min \begin{vmatrix} P+C(0)-S(3)+f_2(1) \\ C(2)+f_2(3) \end{vmatrix} = \min \begin{vmatrix} 50+10-21+76 \\ 20+97 \end{vmatrix}$$

$$= \min \begin{vmatrix} 115 \\ 117 \end{vmatrix} = 115, \quad d_1{}^* = R$$

由以上计算可知，本问题有两个决策，它们对应的最小费用都是 115。

习　题

1. 某架飞机可装运三种物品，各种物品一件重量分别为 3 000 公斤、5 000 公斤、4 000 公斤，装运收益每件分别为 4 万元、5 万元、6 万元。如果飞机总装运量不能超过 12 000 公斤，问：每种物品应各装几件使收益最大？

2. 某港口有某种装备 125 台，根据估计，这种装备 5 年后将被其他新装备所代替，如该装备在高负荷下工作，年损坏率为 50%，年利润为 10 万元；如在低负荷下工作，年损坏率为 20%，年利润为 6 万元。问：应如何安排这些装备的生产负荷，才能使 5 年内获得的利润最大？

3. 考虑某装备在今后 5 年内的更新问题。在每年年初要决定是继续使用原来装备还是更新。如果继续使用，要承担维修费用。维修费用具体金额如下表所示。

单位：万元

使用年数	0-1	1-2	2-3	3-4	4-5
年维修费用	5	6	8	11	18

如果选择更新装备，需要购买新装备，费用如下表所示。

单位：万元

年	1	2	3	4	5
成本	11	11	12	12	13

已知装备已经使用了 1 年，问在每年年初采取何种策略，使得 5 年内的维修费用和购买装备的总成本最小。

4. 某工厂要对一种产品制订今后四个时期的生产计划，据估计在今后四个时期内，市场对于该产品的需求量如下表所示。

时期（k）	1	2	3	4
需求量（d_k）	2（单位）	3	2	4

假定该厂生产每批产品的固定成本为 3 000 元，若不生产就为 0；每单位产品成本为 1 000 元；每个时期生产能力所允许的最大生产批量不超过 6 个单位；每个时期末未售出的产品，每单位需付存贮费 500 元。还假定在第一个时期的初始库存量为 0，第四个时期末的库存量也为 0。试问，该厂应如何安排各个时期的生产与库存，才能在满足市场需求的条件下，使总成本最小？

第6章　图与网络分析

图论是运筹学中有广泛实际应用的一个重要分支。心理学、物理、化学、信息论、控制论、管理学、销售学以及教育学等各个不同领域内的许多问题都可以描述为图论问题。因此，图论的意义不仅在于其本身，而且图论还是其他学科的公共基础，为科学研究提供得力手段。随着科学技术的发展，以及电子计算机的出现与广泛应用，从 20 世纪 50 年代起，图论的理论得到进一步发展。

6.1　图与网络的基本概念

瑞士数学家欧拉（E. Euler）在 1736 年发表了一篇题为《依据几何位置的解题方法》的论文，有效地解决了哥尼斯城堡"七桥难题"，从此开创了图论的历史新纪元。所谓"七桥难题"是指：18 世纪的哥尼斯城堡中流过一条河，河上有七座桥连接着河的两岸和河中的两个小岛，如图 6.1 所示；一个游者怎样才能一次连续走过这七座桥而每座桥只走一次，回到原出发点；没有人想出这种走法，又无法说明走法不存在。欧拉将这个问题归结为如图 6.2 所示的问题。他用 A，B，C，D 四点表示河的两岸和小岛，用两点间的连线表示桥。七桥问题变为：从 A，B，C，D 任意点出发，能否通过每条边一次且仅一次，再回到原点？欧拉证明了这样的走法不存在，给出了这类问题的一般结论，并为此写了被公认为世界第一篇有关图论方面的论文。

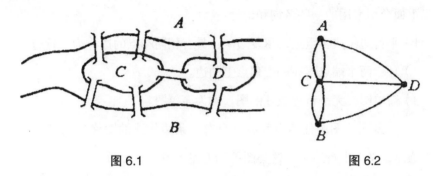

图 6.1   图 6.2

6.1.1　图的相关概念

图可以说是反映对象之间关系的一种工具。一个图是由一些点以及一些点之间的连线（不带箭头或带箭头）所组成的。当然，图论不仅仅是要描述对象之间的关系，还要研究特定关系之间的内在规律，一般情况下图中点的相对位置如何、点与点之间连线的长短曲直，对于反映对象之间的关系并不是重要的，可见图论中的图与几何图、工程图是不一样的。

为了区别起见，把两点之间不带箭头的连线称为边，带箭头的线称为弧。

（1）无向图

如果一个图 G 是由点及边所构成的，则称之为无向图（也简称为图）。定义设 $V(G) = \{v_1, v_2, \cdots, v_p\}$ 是一个非空有限集合，$E(G) = \{e_1,$

e_2, …, e_p} 是与 $V(G)$ 不相交的有限集合，一个图 G 是指一个有序二元组（$V(G)$，$E(G)$），其中 $V(G)$ 称为图 G 的顶点集，$E(G)$ 称为 G 的边集。

如一个由五个点五条边构成的无向图可以用图 G 来表示，$V(G)$={v_1，v_2，v_3，v_4，v_5}，$E(G)$={e_1，e_2，e_3，e_4，e_5}，其中：e_1=（v_1，v_2），e_2=（v_1，v_5），e_3=（v_2，v_5），e_4=（v_4，v_5），e_5=（v_3，v_4）。

下面介绍常用的一些名词和记号：

1）平行边（或多重边，重复边）：具有相同端点的边称为平行边。

2）环：两个端点落在一个顶点上的边。

3）简单图：无平行边或环的图，称为简单图。

4）完备图：图中任两点间有且只有一条边相连的图称为完备图（点点有通路，又无平行边），这类图可称为完备图或完善图。

（2）有向图

如果一个图 D 是由点及弧所构成的，则称为有向图，记为 $D=(V, A)$，式中 V，A 分别表示 D 的点集合和弧集合。一条方向是从 v_i 指向 v_j 的弧记为（v_i，v_j）。

（3）连通图

在无向图 $G=(V, E)$ 中，若图 G 中某些点与某些边的交替序列可以排成如下（v_{i_1}，e_{i_1}，v_{i_2}，e_{i_2}，…，$v_{i_{k-1}}$，$e_{i_{k-1}}$，v_{i_k}）的形式，且 $e_{i_t}=(v_{i_{t-1}}, v_{i_t})$，则称这个点边序列为联接 v_{i_1} 和 v_{i_k} 的一条链，记为（v_{i_1}，v_{i_2}，…，v_{i_k}）。若 $v_{i_1}=v_{i_k}$，则称之为圈。对一个无向图 G，若任何两个不同的点之间，至少存在一条链，则称 G 是连通图。

在有向图 $D=(V, A)$ 中，如果存在一个点弧的交错序列，（v_{i_1}，a_{i_1}，v_{i_2}，a_{i_2}，…，$v_{i_{k-1}}$，$a_{i_{k-1}}$，v_{i_k}），其中 v_{i_t}（t=1，2，…，$k-1$）都是图 D 的点，

a_{i_t}（ t=1，2，$\cdots$，k-1）都是 D 的弧，且 a_{i_t}=（ $v_{i_{t-1}}$，v_{i_t}），则称这条点弧的交错序列为从 v_{i_1} 到 v_{i_k} 的一条路，记为（ v_{i_1}，v_{i_2}，$\cdots$，v_{i_k} ）。若路的第一个点和最后一点相同，则称之为回路。

对无向图，链与路（圈与回路）这两个概念是一致的。

6.1.2　网络

在实际问题中，往往只用图来描述所研究对象之间的关系还不行，与图联系在一起的，通常还有与点或边有关的某些参数指标，我们称之为"权"，权可以代表如距离、费用、通过能力（容量）等。

对一个无向图 G 的每一条边（ v_i，v_j ），如果相应地有一个数 w_{ij}，则称这样的图 G 为赋权图，w_{ij} 称为边（ v_i，v_j ）上的权。

同样地，对于有向图 D 的每一条弧，如果相应有一个数 c_{ij}，也称这样的图 D 为赋权图，c_{ij} 称为弧（ v_i，v_j ）上的权。

我们在赋权的有向图 D 中指定了一点，称为发点（记为 v_s ），指定另一点为收点（记为 v_t ），其余的点称为中间点，并把 D 中的每一条弧的赋权数 c_{ij} 称为弧（ v_i，v_j ）的容量，这样的赋权有向图 D 就称为网络。

6.1.3　树

1. 树的概念

在各式各样的图中，有一类图极其简单，却是很有用的，这就是树。

例 6.1 已知有五个城市，要在它们之间架设电话线，要求任何两个城市都可以互相通话（允许通过其他城市），并且电话线的根数最少。

用五个点 v_1，v_2，v_3，v_4，v_5 代表五个城市，如果在某两个城市之间架设电话线，则在相应的两个点之间连一条边，这样一个电话线网就可以用一个图来表示。为了使任何两个城市都可以通话，这样的图必须是连通的。

另外，若图中有圈的话，从圈上任意去掉一条边，余下的图仍是连通的，这样可以省去一根电话线。因而，满足要求的电话线网所对应的图必定是不含圈的连通图。

一个无圈的连通图称为树。

图6.3中，（a）就是一个树，而（b）因为图中有圈所以就不是树，（c）因为不连通所以也不是树。

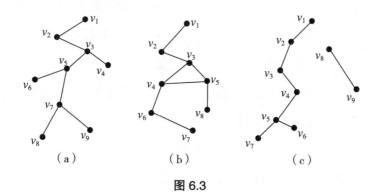

图6.3

给了一个无向图 $G=(V, E)$，保留 G 的所有点，而删掉部分 G 的边或者说保留一部分 G 的边，所获得的图称为 G 的生成子图。

如果 G 的一个生成子图还是一个树，则称这个生成子图为生成树。

例如图6.4（b）是图6.4（a）所示图的一个生成树。

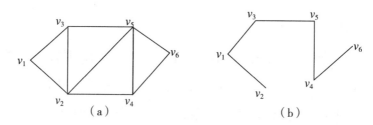

图6.4

2. 寻找连通图的生成树的两种算法

（1）"避圈法"是指首先将连通图 G 中的所有的顶点都画出来，然

后逐个将图 G 中的边加进去，每加一条边都要保证不含圈，直到加的边数是顶点数减 1 为止，得到的连通图一定是图 G 的生成树；

（2）"破圈法"是指在给定的连通图 G 中，逐个将图 G 中的每一个圈都去掉一条边使其变成路，直到最后只剩下边数是顶点数减 1 条的连通图，即为图 G 的生成树。

例 6.2 在图 6.5 中，用破圈法求出图的一个生成树。

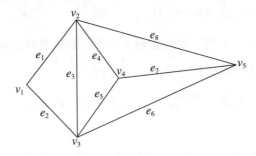

图 6.5

解：取一个圈 (v_1, v_2, v_3, v_1)，从这个圈中去掉边 $e_3=(v_2, v_3)$；在余下的图中，再取一个圈 $(v_1, v_2, v_4, v_3, v_1)$，去掉边 $e_4=(v_2, v_4)$；在余下的图中，从圈 (v_3, v_4, v_5, v_3) 中去掉边 $e_6=(v_5, v_3)$；再从圈 $(v_1, v_2, v_5, v_4, v_3, v_1)$ 中去掉边 $e_8=(v_2, v_5)$。这时，剩余的图中不含圈，于是得到一个生成树，如图 6.5 中粗线所示。

也可以用避圈法来寻求连通图的生成树。在图中任取一条边 e_1，找一条与 e_1 不构成圈的边 e_2，再找一条与 $\{e_1, e_2\}$ 不构成圈的边 e_3。一般，设已有 $\{e_1, e_2, \cdots, e_k\}$，找一条与 $\{e_1, e_2, \cdots, e_k\}$ 中任何一些边不构成圈的边 e_{k+1}。重复这个过程，直到不能进行为止。这时，由所有取出的边所构成的图是一个生成树。

3.最小生成树的概念

所谓最小生成树的问题就是在一个赋权的连通的无向图 G 中找出一个

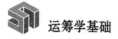

生成树，并使得这个生成树的所有边的权数之和为最小。

假设给定一些城市，已知每对城市间交通线的建造费用。要求建造一个联结这些城市的交通网，使总的建造费用最低，这个问题就是赋权图上的最小生成树问题。

4. 求解最小生成树的算法

（1）破圈算法的步骤：

①在给定的赋权的连通图上任找一个圈。

②在所找的圈中去掉一个权数最大的边（如果有两条或两条以上的边都是权数最大的边，则任意去掉其中一条）。

③如果所余下的图已不包含圈，则计算结束，所余下的图即为最小生成树，否则返回第 1 步。

例 6.3 用破圈算法求图 6.6（a）中的一个最小生成树。

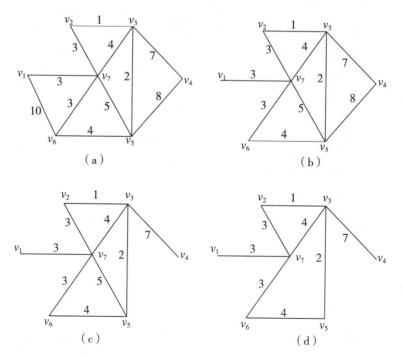

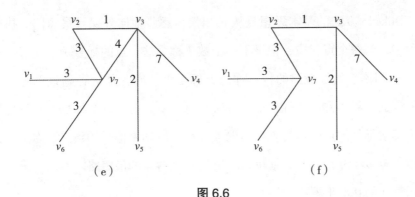

图 6.6

（2）避圈算法的步骤：

开始选一条最小权的边，以后每一步中，总从未被选取的边中选一条权最小的边，并使之与已选取的边不构成圈（每一步中，如果有两条或两条以上的边都是权最小的边，则从中任选一条）。

用避圈法也可以得出上例中的结果。

6.2　最短路问题

1. 最短路问题的概念

最短路问题是指对一个赋权的有向图 D 中指定的两个点 v_s 和 v_t，找到一条从 v_s 到 v_t 的路，使得这条路上所有弧的权数的总和最小，这条路被称为从 v_s 到 v_t 的最短路。这条路上所有弧的权数的总和被称为从 v_s 到 v_t 的距离。

2. 最短路的标号算法

本算法由 Dijkstra 于 1959 年首先提出，故称为 Dijkstra 算法。可用于求解指定两点 v_s，v_t 间的最短路，或从指定点 v_s 到其余各点的最短路，目前被认为是求非负权网络最短路问题的最好方法。

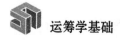

Dijkstra 方法的基本思想是从 v_s 出发，逐步地向外探寻最短路。执行过程中，与每个点对应，记录下一个数（称为这个点的标号），它或者表示从 v_s 到该点的最短路的权（称为 P 标号），或者是从 v_s 到该点的最短路的权的上界（称为 T 标号），方法的每一步是去修改 T 标号，并且把某一个具 T 标号的点改为具 P 标号的点，从而使具 P 标号的顶点数多一个，这样，至多经过 $p-1$ 步，就可以求出从 v_s 到各点的最短路。

算法的基本步骤：

（1）给 v_s 以 P 标号，$P(v_s)=0$，其余各点均给 T 标号，$T(v_i)=+\infty$。

（2）若 v_i 点为刚得到 P 标号的点，考虑这样的点 v_i：(v_i, v_j) 属于 E，且 v_j 为 T 标号。对 v_j 的 T 标号进行如下的更改：

$$T(v_j)=\min[T(v_j),\ p(v_i)+l_{ij}]$$

（3）比较所有具有 T 标号的点，把最小者改 T 标号为 P 标号，即：

$$P(\bar{v}_i)=\min[T(v_i)]$$

当存在两个以上最小者时，可同时改变为 P 标号。若全部均为 P 标号则停止。否则用 $\bar{v}_i$ 代 v_i 转回（2）。

例 6.4 用 Dijkstra 算法求图 6.7 中 v_1 点到 v_8 点的最短路。

（1）首先给 v_1 以 P 标号，$P(v_1)=0$，给其余所有点 T 标号。

（2）由于 (v_1, v_2)，(v_1, v_3) 边属于 E，且 v_2，v_3 为 T 标号，所以修改这两个点的标号：

$$T(v_2)=\min[T(v_2),\ P(v_1)+l_{12}]=\min[+\infty,\ 0+4]=4$$

$$T(v_3)=\min[T(v_3),\ P(v_1)+l_{13}]=\min[+\infty,\ 0+6]=6$$

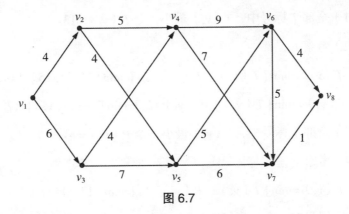

图 6.7

（3）比较所有 T 标号，$T(v_2)$ 最小，所以令 $P(v_2)=4$。

（4）v_2 为刚得到 P 标号的点，考察边 (v_2, v_4)，(v_2, v_5) 端点 v_4，v_5。

$$T(v_4)=\min[T(v_4), P(v_2)+l_{24}]=\min[+\infty, 5+4]=9$$

$$T(v_5)=\min[T(v_5), P(v_2)+l_{25}]=\min[+\infty, 4+4]=8$$

（5）比较所有 T 标号，$T(v_3)$ 最小，所以令 $P(v_3)=6$。

（6）考虑点 v_3，有

$$T(v_4)=\min[T(v_4), P(v_3)+l_{34}]=\min[9, 6+4]=9$$

$$T(v_5)=\min[T(v_5), P(v_3)+l_{35}]=\min[8, 6+7]=8$$

（7）全部 T 标号中，$T(v_5)$ 最小，所以令 $P(v_5)=8$。

（8）考察 v_5，

$$T(v_6)=\min[T(v_6), P(v_5)+l_{56}]=\min[+\infty, 5+8]=13$$

$$T(v_7)=\min[T(v_7), P(v_5)+l_{57}]=\min[+\infty, 8+6]=14$$

（9）全部 T 标号中，$T(v_4)$ 最小，令 $P(v_4)=9$。

（10）考察 v_4，

$$T(v_6)=\min[T(v_6), P(v_4)+l_{46}]=\min[13, 9+9]=13$$

$$T(v_7)=\min[T(v_7), P(v_4)+l_{47}]=\min[14, 9+7]=14$$

（11）全部 T 标号中，$T(v_4)$ 最小，令 $P(v_6)=13$。

（12）考察 v_6，

$$T(v_7)=\min[T(v_7), P(v_6)+l_{67}]=\min[14, 13+5]=14$$

$$T(v_8)=\min[T(v_8), P(v_6)+l_{68}]=\min[+\infty, 13+4]=17$$

（13）全部 T 标号中，$T(v_7)$ 最小，令 $P(v_7)=14$。

（14）考察 v_7，

$$T(v_8)=\min[T(v_8), P(v_7)+l_{78}]=\min[17, 14+1]=15$$

（15）因只有一个 T 标号 $T(v_8)$，令 $P(v_8)=15$，计算结束。

从 v_1 到 v_8 的最短路为 $v_1 \rightarrow v_2 \rightarrow v_5 \rightarrow v_7 \rightarrow v_8$，路长为 $P(v_8)=15$。

例6.5 工程设备更新问题。某公司使用某种工程设备一台，在每年年初，该公司就要决定是购买新的设备还是继续使用旧设备。如果购置新设备，就要支付一定的购置费，当然新设备的维修费用就低。如果继续使用旧设备，可以省去购置费，但维修费用就高了。请设计一个五年之内的更新设备的计划，使得五年内购置费用和维修费用总的支付费用最小。

已知：设备每年年初的价格如表 6-1 所示。

表6-1

年份	1	2	3	4	5
年初价格	11	11	12	12	13

设备维修费如表 6-2 所示。

表6-2

使用年数	0-1	1-2	2-3	3-4	4-5
每年维修费用	5	6	8	11	18

解：将问题转化为最短路问题，如图 6.8 所示。

用 v_i 表示"第 i 年年初购进一台新设备"，弧 (v_i, v_j) 表示第 i 年年初购进的设备一直使用到第 j 年年初。

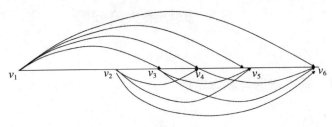

图 6.8

所有弧的权值计算如表 6-3 所示。

表 6-3

	1	2	3	4	5	6
1		16	22	30	41	59
2			16	22	30	41
3				17	23	31
4					17	23
5						18
6						

把权数赋到图 6.9 中，再用 Dijkstra 算法求最短路。

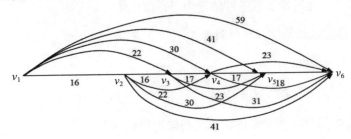

图 6.9

最终得到图 6.10，可知，v_1 到 v_6 的最短距离是 53，最短路径有两条：
$v_1 \rightarrow v_3 \rightarrow v_6$ 和 $v_1 \rightarrow v_4 \rightarrow v_6$。

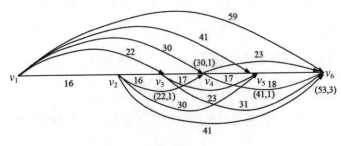

图 6.10

6.3　网络最大流问题

6.3.1　基本概念与基本定理

（1）网络与流

定义 6.1 设有向图 $D=(V, A)$，在 V 中指定了一点，称为发点（记为 v_s），和另一点，称为收点（记为 v_t），其余的点为中间点，对于每一条弧 $(v_i, v_j) \in A$，对应有一个 $c(v_i, v_j) \geqslant 0$（或简写为 c_{ij}），称为弧的容量。通常我们把这样的 D 叫作一个网络，记作：$D=(V, A, C)$。

所谓网络上的流，是指定义在弧集合 A 上的一个函数 $f=\{f(v_i, v_j)\}$，并称 $f(v_i, v_j)$ 为弧 (v_i, v_j) 上的流量。（也可简记作 f_{ij}）

（2）可行流与最大流

定义 6.2 称满足下列条件的流为可行流：

1）容量限制条件：对每条弧 $(v_i, v_j) \in A$，有 $0 \leqslant f_{ij} \leqslant c_{ij}$

2）平衡条件：

对中间点 v_i，有 $\sum f_{ij} = \sum f_{ki}$

（即中间点 v_i 的物资的输入量与输出量相等）

对收、发点 v_t，v_s，有 $\sum f_{si} = \sum f_{jt} = v(f)$

（即从 v_s 点发出的物资总量等于 v_t 点输入量）

$v(f)$ 为这个可行流的流量，即发点的净输出量或收点的净输入量。

可行流总是存在的，例如 $f=\{0\}$ 就是一个流量为 0 的可行流，一个流 $f=\{f_{ij}\}$，当 $f_{ij}=c_{ij}$，则称流 f 对弧 (v_i, v_j) 是饱和的，否则称 f 对 (v_i, v_j) 不饱和。

所谓最大流问题就是在容量网络中，寻找流量最大的可行流。

（3）增广链

定义 6.3 容量网络 D，若 μ 为网络中从 v_s 到 v_t 的一条链，给 μ 定向为从 v_s 到 v_t，μ 上的弧凡与 μ 同向称为前向弧，凡与 μ 反向称为后向弧，其集合分别用 μ^+ 和 μ^- 表示，$f=\{f_{ij}\}$ 是一个可行流，如果满足

$$\begin{cases} 0 \leq f_{ij} < c_{ij} & (v_i, v_j) \in \mu^+ \\ c_{ij} \geq f_{ij} > 0 & (v_i, v_j) \in \mu^- \end{cases}$$

则称 μ 为从 v_s 到 v_t 的（关于可行流 f 的）一条增广链。

（4）截集与截量

设 S，$T \subset V$，$S \cap T = \Phi$，我们把始点在 S，终点在 T 的所有弧构成的集合，记为 (S, T)。

定义 6.4 给定网络 $D=(V, A, C)$，若点集 V 被划分为两个非空集合 V_1 和 $\overline{V}_1$，使 $v_s \in V_1$，$v_t \in \overline{V}_1$，则把弧集 $(V_1, \overline{V}_1)$ 称为分离 v_s 和 v_t 的截集。

定义 6.5 给一截集 $(V_1, \overline{V}_1)$，把截集 $(V_1, \overline{V}_1)$ 中所有弧的容量之和称为这个截集的容量（简称为截量），记为 $c(V_1, \overline{V}_1)$，

$$C(V_1, \overline{V}_1) = \sum_{(v_i, v_j) \in (V_1, \overline{V}_1)} c_{ij}$$

不难证明，任何一个可行流的流量 $v(f)$ 都不会超过任一截集的容量，即：

$$v(f) \leq c(V_1, \overline{V}_1)$$

显然，若对于一个可行流 f^*，网络中有一个截集 $(V_1^*, \overline{V}_1^*)$，使 $v(f^*)=c(V_1^*, \overline{V}_1^*)$，则 f^* 必是最大流，而 $(V_1^*, \overline{V}_1^*)$ 必定是 D 的所有截集中容量最小的一个，即最小截集。

定理可行流 f^* 是最大流，当且仅当不存在从 v_s 到 v_t 的（关于 f^* 的）增广链。

最大流量最小截量定理：任一个网络 D 中，从 v_s 到 v_t 的最大流的流

量等于分离 v_s , v_t 的最小截集的容量。

6.3.2 求最大流的标号算法

设已有一个可行流 f ,标号的方法可分为两步:第 1 步是标号过程,通过标号来寻找增广链;第 2 步是调整过程,沿增广链调整 f 以增加流量。下面通过一个例题来说明算法的基本步骤。

从一个可行流出发(若网络中没有给定 f ,则可以设 f 是零流),经过标号过程与调整过程,便可求得最大流。

(1)标号过程

在这个过程中,网络中的点或者是标号点(又分为已检查和未检查两种),或者是未标号点。每个标号点的标号包含两部分:第一个标号表明它的标号是从哪一点得到的,以便找出增广链;第二个标号是为确定增广链的调整量 θ 用的。

标号过程开始,总先给 v_s 标上(0 , $l(v_s)=\infty$)。这时 v_s 是标号而未检查的点,其余都是未标号点。一般地,取一个标号而未检查的点 v_i ,对一切未标号点 v_j :

1)若在边(v_i , v_j)上, $f_{ij}<c_{ij}$,则给 v_j 标号(v_i , $l(v_j)$)。这里 $l(v_j)$ =min[$l(v_i)$, $c_{ij}-f_{ij}$]。这时点 v_j 成为标点而未检查的点。

2)若在边(v_i , v_j)上, $f_{ij}>0$,则给 v_j 标号($-v_i$, $l(v_j)$)。这里 $l(v_j)$ =min[$l(v_i)$, f_{ij}]。这时点 v_j 成为标点而未检查的点。

于是 v_i 成为标号而已检查过的点。重复上述步骤,一旦 v_t 被标上号,表明得到一条从 v_s 到 v_t 的增广链 μ ,转入调整过程。

若所有标号都是已检查过,而标号过程进行不下去时,则算法结束,这时的可行流就是最大流。

（2）调整过程

首先按 v_t 及其他点的第一个标号，利用"反向追踪"的办法，找出增广链 μ。例如，设 v_t 的第一个标号为 v_k（或 $-v_k$），则边（v_k，v_t）[相应地（v_t，v_k）] 是 μ 上的边。接下来检查 v_k 的第一个标号，若为 v_i（或 $-v_i$），则找出（v_i，v_k）[或相应地（v_k，v_i）]。

再检查 v_i 的第一个标号，依此下去，直到 v_s 为止。这时被找出的边就构成了增广链 μ。令调整量 θ 是 l（v_t），即 v_t 的第二个标号。

$$\text{令} f_{ij}=\begin{cases} f_{ij}+\theta & (v_i,\ v_j) \in \mu^+ \\ f_{ij}-\theta & (v_i,\ v_j) \in \mu^- \\ f_{ij} & (v_i,\ v_j) \in \mu^- \end{cases}$$

去掉所有标号，对新的可行流 $f'=|f_{ij}'|$，重新进入标号过程。

例 6.6 图 6.11 表明一个网络及初始可行流，每条弧上的有序数表示（c_{ij}，f_{ij}），求这个网络的最大流。

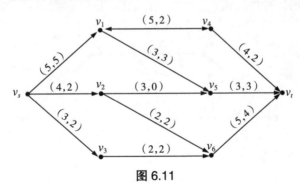

图 6.11

先给 v_s 标以（0，$+\infty$）。

检查 v_s 的邻接点 v_1，v_2，v_3，发现 v_2 点满足（v_s，v_2）$\in A$，且 $f_{s2}=2 < c_{s2}=4$，令 $\delta_{v2}=\min$ [2，$+\infty$]$=2$，给以 v_2 标号。同理给 v_3 点以标号 [$+v_s$，1]。

检查 v_2 点的尚未标号的邻接点 v_5，v_6，发现 v_5 满足（v_2，v_5）$\in A$ 且 $f_{25}=0 < c_{25}=3$，令 $\delta_{v5}=\min [\ 3\ ,\ 2\ ]=2$，给 v_5 以标号 [$+v_2$，2]。

检查 v_5 与点邻接的未标号点有 v_1，v_t，发现 v_1 点满足（v_1，v_5）$\in A$，且 $f_{15}=3 > 0$，令 $\delta_{v1}=\min [\ 3\ ,\ 2\ ]=2$，则给 v_1 点以标号 [$-v_5$，2]。

v_4 点未标号，与 v_1 邻接，弧（v_1，v_4）$\in A$，且 $f_{14}=2 < c_{14}=5$，所以令 $\delta_{v4}=\min [\ 3\ ,\ 2\ ]=2$，给 v_4 以标号 [$+v_1$，2]。

v_t 类似前面的步骤，可由 v_4 得到标号 [$+v_4$，2]。

由于 v_t 已得到标号，说明存在增广链，所以标号过程结束，见图 6.12。

转入调整过程，令 $\delta = \delta_{vt}=2$ 为调整量，从 v_t 点开始，由逆增广链方向按标号 [$+v_4$，2] 找到点 v_4，令 $f'_{4t}=f_{4t}+2$。

再由 v_4 点标号 [$+v_1$，2] 找到前一个点 v_1，并令 $f'_{14}=f_{14}+2$。按 v_1 点标号找到点 v_5。

由于标号为 $-v_5$，（v_5，v_1）为反向弧，令 $f'_{15} =f_{15}-2$。

由 v_s 点的标号再找到 v_2，令 $f'_{25} =f_{25}+2$。由 v_2 点找到 v_s，令 $f'_{s2} =f_{s2}+2$

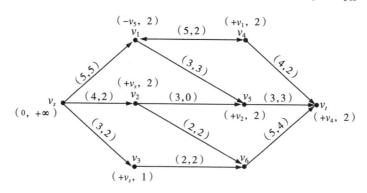

图 6.12

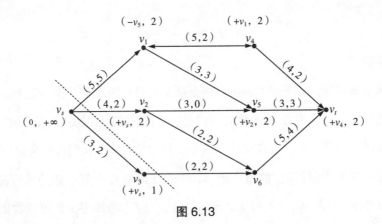

图 6.13

调整过程结束,调整中的可增广链见图 6.12,调整后的可行流见图 6.13。

重新开始标号过程,寻找可增广链,当标到 v_3 点为 [$+v_s$, 1] 以后,与 v_s, v_3 点邻接的 v_1, v_2, v_6 点都不满足标号条件,所以标号无法再继续,而 v_t 点并未得到标号,如图 6.13。这时, $v(f) = f_{s1} + f_{s2} + f_{s3} = f_{4t} + f_{5t} + f_{6t} = 11$ 即为最大流的流量,算法结束。

用标号法在得到最大流的同时,可得到一个最小截集,即图 6.14 中虚线所示。标号点集合为 s, 即 $S=\{v_s, v_3\}$, 未标号点集合为 $\bar{S}=\{v_1, v_2, v_4, v_5, v_6, v_t\}$

此时截集 $(S, \bar{S}) = \{ (v_s, v_1), (v_s, v_2), (v_3, v_6) \}$,

截集容量 $C(S, \bar{S}) = c_{s1} + c_{s2} + c_{s6} = 11$, 与最大流的流量相等。

6.4　最小费用最大流问题

给定网络 $D=(V, A, C)$, 每一弧 $(v_i, v_j) \in A$ 上,除了已给容量 c_{ij} 外,还给了一个单位流量的费用 $b(v_i, v_j) \geq 0$, 简记为 b_{ij}, 所谓最小费用最大流问题,就是要求一个最大流 f, 使流的总输送费用

$$b\ (f) = \sum_{(v_i,\ v_j)\in E} b_{ij} f_{ij}$$

取极小值。

从上面可知，寻求最大流的方法是从某个可行流出发，找到关于这个流的一条增广链 μ，沿着 μ 调整 f，对新的可行流试图寻求关于它的增广链，如此反复直到最大流。现在要寻求最小费用的最大流，我们首先考察一下，当沿着一条关于可行流 f 的增广链 μ，以 $\theta=1$ 调整 f，得到一新的可行流 f' 时（显然 $V(f')=V(f)+1$），$b(f')$ 比 $b(f)$ 增加多少？可以看出：

$$b\ (f') - b\ (f) = \left[\sum_{\mu^+} b_{ij} (f'_{ij} - f_{ij}) - \sum_{\mu^-} b_{ij} (f'_{ij} - f_{ij}) \right]$$

$$= \sum_{\mu^+} b_{ij} - \sum_{\mu^-} b_{ij}$$

我们把 $\displaystyle\sum_{\mu^+} b_{ij} - \sum_{\mu^-} b_{ij}$ 称为这条增广链 μ 的 "费用"。

可以看出，若 f 是流量为 $V(f)$ 的所有可行流中费用最小者，而 μ 是关于 f 的所有增广链中费用最小的增广链，那么，沿 μ 去调整 f，得到的可行流 f'，就是流量为 $V(f')$ 的所有可行流中的最小费用流。这样，当 f' 是最大流时，它也就是我们所要求的最小费用最大流了。

由于 $b_{ij} \geq 0$，所以 $f=0$ 是流量为 0 最小费用流。这样，总可以从 $f=0$ 开始。一般地，设已知 f 是流量 $V(f)$ 的最小费用流，余下的问题就是如何去寻求关于 f 的最小费用增广链。为此，我们构造一个赋权有向图 $W(f)$，它的顶点是原网络 D 的顶点，而把 D 中的每一条边 (v_i, v_j) 变成两个相反方向的边 (v_i, v_j) 和 (v_j, v_i)。定义 $W(f)$ 中边的权 W_{ij} 为：

$$W_{ij} = \begin{cases} b_{ij} & f_{ij} < c_{ij} \\ +\infty & f_{ij} = c_{ij} \end{cases}$$

（长度为 $+\infty$ 的边可以从 $W(f)$ 中略去）

于是，在 D 网络中寻求关于 f 的最小费用增广链，就等价于在赋权有

向图 $W(f)$ 中，寻求从 v_s 到 v_t 的最短路。因此，有如下算法：

开始取 $f^{(0)}=0$，一般若在第 $k-1$ 步得到最小费用流 $f^{(k-1)}$，则构造赋权有向图 $W(f^{(k-1)})$，在 $W(f^{(k-1)})$ 中寻求从 v_s 到 v_t 的最短路。若不存在最短路（即最短路权是 $+\infty$），则 $f^{(k-1)}$ 就是最小费用最大流；若存在最短路，则在原网络 D 中得相应的增广链 μ，在增广链 μ 上对 $f^{(k-1)}$ 进行调整。调整量为：

$$\theta=\min\,[\,\min\,(c_{ij}-f_{ij}^{(k-1)})\,,\,\min_{\mu^-}\,(f_{ij}^{(k-1)})\,]$$

$$令\,f_{ij}^{k}=\begin{cases} f_{ij}^{(k-1)}+\theta & (v_i,\,v_j)\in\mu^+ \\ f_{ij}^{(k-1)}-\theta & (v_i,\,v_j)\in\mu^- \\ f_{ij}^{(k-1)} & (v_i,\,v_j)\in\mu \end{cases}$$

得到新的可行流 $f^{(k)}$，再对 $f^{(k)}$ 重复上述步骤。

例 6.7 以图 6.14 为例，求最小费用最大流。弧旁数字为 $(b_{ij},\,v_{ij})$。

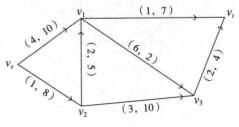

图 6.14

步骤 1：取 $f^{(0)}=0$ 为初始可行流。

步骤 2：构造赋权有向图 $W(f^{(0)})$，并求出从 v_s 到 v_t 的最短路。如图 6.15（a）（双箭头即为最短路）。

步骤 3：在原网络中，与这条最短路相应的增广链为 $\mu=(v_s,\,v_2,\,v_1,\,v_t)$。

步骤 4：在 μ 上进行调整，$\theta=5$，得 $f^{(1)}$［图 6.15（b）］按照上述

算法依次得 $f^{(1)}$，$f^{(2)}$，$f^{(3)}$，$f^{(4)}$，流量依次为 5，7，10，11；构造相应的赋权有向图为 $W(f^{(1)})$，$W(f^{(2)})$，$W(f^{(3)})$，$W(f^{(4)})$，如图 6.15 所示。

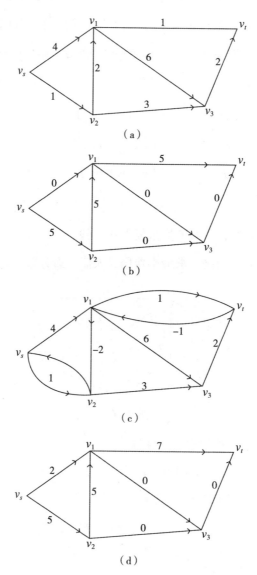

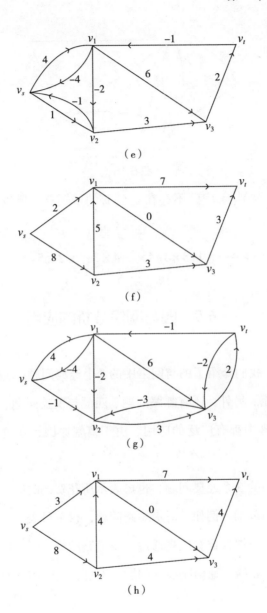

（e）

（f）

（g）

（h）

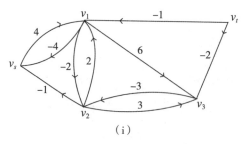

图 6.15

注意到 $W\left(f^{(4)}\right)$ 中已不存在 v_s 到 v_t 的最短路，所以 $f^{(4)}$ 为最小费用最大流。

$b\left(f^{(4)}\right) = 3 \times 4 + 7 \times 1 + 8 \times 1 + 4 \times 2 + 4 \times 3 + 4 \times 2 = 55$。

6.5 图与网络分析的应用

在前几节，我们介绍了图与网络中的 3 个经典问题：最短路、最大流、最小费用最大流。另外，还有邮路问题、匹配与覆盖问题、四色问题等，他们在经济管理中都有广泛的应用。由于篇幅原因，在这里我们就不介绍了。

对前面介绍的 3 个经典问题，也可表示所花费的时间，可以通过改变权重，扩大应用范围。例如，对最短路问题，权重可表示距离，也可表示所花费的时间。当把权重看成是通过每条道路的概率时，则可用最短路问题求解最佳安全路线（通信路线）问题。不过，这时需要对问题做一些数学处理。

6.5.1 安全路线问题

设 v_i、v_j 表示一条道路两端的顶点，从 v_i 到 v_j 的安全通过概率为

P_{ij}。由于一条路是多条道路的串接，由概率论知，一条路线的安全通过率应等于组成该路线的各条道路安全通过概率的乘积。例如，若把 $v_1 \to v_4 \to v_5 \to v_6$ 这条线记为 Ⅱ，则有：

$$P\left(Ⅱ\right)=P_{14}P_{45}P_{56} \tag{6-1}$$

为应用最短路问题解法，需要使沿路线的指标参数等于各组成道路指标参数的和。对（6-1）式两边取对数并乘以负号，得

$$-\lg P\left(Ⅱ\right)=-\lg P_{14}-\lg P_{45}-\lg P_{56} \tag{6-2}$$

由对数函数性质可知，使 $P\left(Ⅱ\right)$ 最大，等价于 $-\lg P\left(Ⅱ\right)$ 最小，也就是使（6-2）式等号右边诸项和最小。所以，如果我们以 $-\lg P_{ij}$ 作为每边的指标参数，那就可以用最短路问题求解了。类似地，也可以扩大最大流、最小费用最大流的使用范围。

例6.8 图 6.16 给出了通过每条边时的安全概率，试求一条 v_1 到 v_6 的最安全的路线。

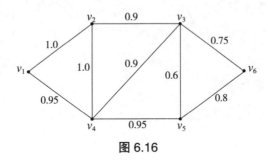

图 6.16

解：先求出各边安全概率：

$\lg 1=0$

$-\lg 0.95=+0.02$

$-\lg 0.9=+0.05$

$-\lg 0.8=+0.09$

$-\lg 0.75 = +0.13$

$-\lg 0.6 = +0.23$

用最短路方法求得最短路为 $v_1 \rightarrow v_2 \rightarrow v_4 \rightarrow v_5 \rightarrow v_6$

其安全通过概率为 P（Ⅱ）$= 1 \times 1 \times 0.95 \times 0.8 = 0.76$

6.5.2　物资调运问题

例 6.9 为保障震后救灾工作的顺利进行，某物流公司接到上级指示，要求把一批救灾物资通过网络从仓库 v_s 运送到灾区 v_T，中间需经过 3 个中转站 v_1、v_2、v_3，每条道路的通过能力为 c_{ij}，单位流费用为 w_{ij}，图中各弧旁的数字为（c_{ij}，w_{ij}）。问：该物流公司应怎样安排运输方法，在获得从 v_s 到 v_T 的最大运输能力的前提下运输成本最小？

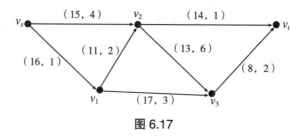

图 6.17

解：计算步骤如下：

（1）s 到 t 的最小费用路径为 sv_1v_2t，如图 6.18（a）所示，单位费用和为

$$Wsv_1 + Wv_1v_2 + Wv_2t = 1 + 2 + 1 = 4$$

该路径中可分配的最大流为 $f_0 = 11$，弧（v_1，v_2）饱和。

（2）在上述用最小路径中的每边的容量 c_{ij} 减去 11，去掉边（v_1，v_2），作方向弧（v_2，v_1），且 c（v_2，v_1）$= f_0$，w（v_2，v_1）$= -2$，如图 6.18（b）所示。在新网络图中，s 到 t 的最小费用路径为 sv_2t，单位费用和为

$$Wsv_2+Wv_2t=4+1=5$$

该路径中可分配的最大流为 $f_0=3$，弧（v_2，v_t）饱和。

（3）在路径 sv_2t 中，每边的容量 c_{ij} 减去 3，$w（v_2，v_t）=\infty$，如图 6.18（c）所示。此时，最小费用路径为 sv_1v_3t，单位费用和为

$$Wsv_1+Wv_1v_3+Wv_3t=1+3+2=6$$

该路径中可分配的最大流为 $f_0=5$，弧（s，v_1）饱和。

（4）在路径 sv_1v_3t 中，每边的容量 c_{ij} 减去 5 如图 6.18（d）所示。在所得的网络图中，s 到 t 的最小费用路径为 $sv_2v_1v_3t$，单位费用和为

$$Wsv_2+Wv_2v_1+Wv_1v_3+Wv_3t=4-2+3+2=7$$

该路径中可分配的最大流为 $f_0=3$，弧（v_3，t）饱和。

（5）在路径 $sv_2v_1v_3t$ 中，每边的容量 c_{ij} 减去 3，$w（s，v_1）=\infty$，如图 6.18（e）所示。在图中找不到 s 到 t 的最小费用路径，算法结束。

综上所述，网络中流的分配如图 6.18（f）所示。于是，从 s 到 t 的流为

$$f=11+3+5+3=22$$

最小费用为：$6×4+14×1+16×1+8×2+8×2+8×3+0×6=110$。

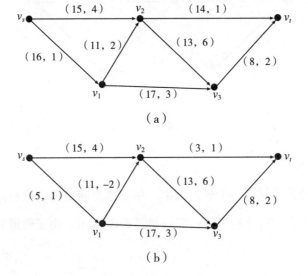

（a）

（b）

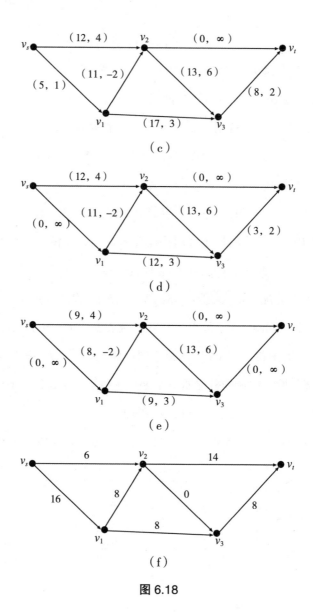

图 6.18

习　题

1. 某石油公司拥有一个管道网络，使用这个网络可以把石油从采地运送到一些销售点，这个网络的一部分如图 6.19 所示。由于管道的直径的变化，它的各段管道 (v_i, v_j) 的流量 c_{ij}（容量）也是不一样的。c_{ij} 的单位为万加仑 / 小时。如果使用这个网络系统从采地 v_1 向销地 v_7 运送石油，问：每小时能运送多少加仑石油？

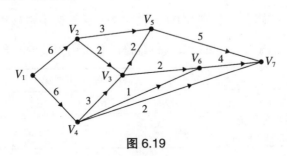

图 6.19

2. 某通信网如图 6.20 所示。图中顶点 v_1，v_2，…，v_7 表示 7 个固定台站，两点间连线旁的数字表示两点间线路的长度（单位：100 公里）。现要从 7 个台站中选出一个台站作为总站，要求总站到各站的距离最短。应确定哪个站？

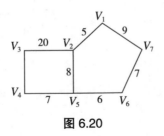

图 6.20

3. 求下面网络图中的最小费用最大流，图中弧 (v_i, v_j) 的赋权为 (c_{ij}, b_{ij})，其中 c_{ij} 为从 v_i 到 v_j 的流量，b_{ij} 为从 v_i 到 v_j 的单位流量的费用。

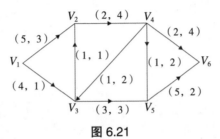

图 6.21

4.某台机器可连续工作 4 年，也可于每年年末卖掉，换一台新的，已知于各年年初购置一台新机器的价格及不同役龄机器年末的处理价如下表所示。另外，新机器第一年运行及维修费为 0.3 万元，使用 1 至 3 年的机器每年运行及维修费用分别为 0.8，1.5，2 万元。请确定该机器的最优更新策略，使 4 年内购买、更换及运行维修的总费用为最少。

j	第一年	第二年	第三年	第四年
年初购置价	2.5	2.6	2.8	3.1
使用 j 年的机器处理价 （即第 j 年年末机器处理价）	2.0	1.6	1.3	1.1

第 7 章　存储论

　　人们在各种活动中经常会遇到将暂时不用的或用不了的物资、用品和食物等存储起来，以备将来使用的情况。例如工厂要存储各种原材料、备件、燃料、成品、半成品来保证生产的正常进行；商店要存储各类商品供顾客购买；军队要储备被装、武器、弹药、车辆、药品、油料等作战训练物资，以保障平时训练任务和可能发生的战争；每一个家庭也要存储某些物品供日常使用。存储是人类社会生产、分配消费中不可缺少的环节。在存储物品过程中，存储量是需要重点考虑的一个因素。

　　生产中存储量过少可能造成生产中断，设备不能充分发挥其生产力，还可能拖延交货期而影响信誉或赔偿客户损失，商业部门会失去销售盈利机会；生活物资太少，生活则不便；军事物资存储不足，会影响训练，严重的可能贻误战机，造成重大损失。如此看来，过少不行，是否可以多存储一些呢？应注意到：任何物资的存储都要支付一定费用或付出一定代价。存多了，要增加库房容积，支付保管费用，积压大量流动资金和利息，有些物品会变质、损坏、流失、失效；由于技术进步，产品更新，存储物资的价值还可能贬值。

因此到底存储多少是一个很值得探讨的问题。早在 1915 年，哈里斯对存储问题建立了一个简单的模型，并求得了最优解，但未被人们注意。1918 年威尔逊重新得出哈里斯的公式。这是对存储问题研究有代表性的起点。第二次世界大战期间，由于战争的需要，对物资存储问题进行了多方面的研究，到 20 世纪 50 年代就形成了专门研究存储问题的存储理论(inventory theory)，成为运筹学的一个分支。

存储论就是要解决供货批量、存储量、存储时间及供货时间等问题，以保证存储系统各项费用总和最低或所获效益最大。

7.1　存储论的基本概念

为了全面了解存储理论，下面首先介绍存储论的一些有关名词术语的含义和基本概念。

7.1.1　存储系统及其组成

由物资的输入、存储和输出所组成的有机整体，称为存储系统，其组成的一般结构如图 7.1 所示。

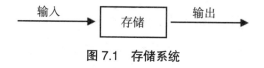

图 7.1　存储系统

（1）输出

存储系统的输出也指需求，指用户从存储系统——仓库中取出一定数量的物资以满足生产或消费的需求，此时存储量一般会减少，需求越大，即供应量越大，存储量就下降得越快。单位时间的需求称为需求量或需求率、需求速度，记为 D。

建立存储系统的目的是为了尽可能地满足需求，了解需求的方式和性质是非常重要的。

需求的方式一般有均匀连续、间断离散两种。均匀连续式指需求是随时间变化而连续出现的，库存量随时间变化的情况是一条曲线；间断离散式则指需求量是随时间变化而间断出现的，库存量也将突然间断减少，这就表现为库存量随时间变化的情况是一条折线。例如，商业企业的存储系统中，顾客对一般日用消费品的需求是连续的，但对某些时令商品的需求是间断的；工厂的自动装配线对零部件的需求是均匀的；单位变动时，物资的需求就是间断式的。为了便于研究，对于间断性需求，如果一次用量不大，间隔时间较短时也可以近似地将其看成是均匀式的。如图 7.2 所示，其中 I 是初始存储量，经过时间 t 后，存储量为 Q，输出量为 $I-Q$。

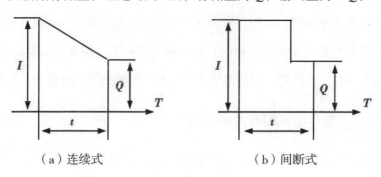

（a）连续式　　　　　　　　（b）间断式

图 7.2　需求方式

需求的性质：需求量有的是确定的，也有的是随机变化的。如某加油站每年要发出油料 1000 吨，即是确定性需求；如其每月发油量可能是 100 吨，也可能是 150 吨，还可能是 50 吨，则称其需求是随机性的。

（2）输入

存储系统中货物的存储由于需求而不断减少，必须加以补充，否则，最终将无法满足需求，因此补充供应就是存储系统的输入。对一个存储系统而言，其输入即补充，有向供货厂商订购或者自己组织生产两种方式。从订货单发出到货物进入"存储"，或是从组织生产到产品入库往往需要一段时间，我们称这段时间为滞后时间，也称备运期。从另一角度看，为了能够及时补充存储，必须提前订货或组织生产，因此，这段时间也可以称作"订货提前期"。滞后时间可能很长，也可能较短；可能是确定性的，也可能是随机性的。

（3）存储

存储就是把补充得到的原料、在制品或成品存入仓库，以保证持续均衡地生产，满足用户的需求，因此存储是存储系统的中心环节。

综上所述，一个存储系统，通过订货以及进货后的存储与输出来满足顾客的需求。在这个系统中，决策者可以通过控制订货时间的间隔和订货量的多少来调节系统的运行，使得在某种准则下系统运行达到最优。因此，存储管理研究的主要问题有何时订货（补充库存）、每次订多少货（补充多少库存）这两个问题，以最终确定使总费用最低的最优存储量（策略）。

7.1.2　与存储问题有关的费用

研究存储系统的运行效果时，要涉及存储过程中的各种费用。一个存储系统主要包括以下费用。

（1）存储费

包括货物占用资金应付利息，使用仓库的租金或折旧，货物管理费用，货物保管期间物品的流失、变质和保险费等。存储费与存储量及存储时间成正比。每存储单位物资，单位时间所需花费的费用记为 c_1。

（2）订货费或生产准备费

存储系统若是向供货厂商订购来补充库存，订货费指对外采购所花费的费用，包括采购人员的差旅费、手续费、检验费和电讯费等。订购费用属于一次性费用，与订购次数有关而与订购数量无关。

若是自行组织生产补足库存，则生产准备费用是生产单位组织一次生产所需支出的费用，主要包括生产前的装配费用，更换模、夹具所需工时或添置某些专用设备所花费的费用。生产准备费用也属于一次性费用，与生产的批次有关而与生产数量无关。

每次订货费或生产准备费均记为 c_3。

（3）缺货损失费

指由于存储供不应求时所引起的损失。在物资保障中是不允许"缺货"的，此时，缺货费用"无穷大"来表示。单位物资单位时间损失费记为 c_2。

（4）货物单价

如果货物单位是恒定不变的，研究存储问题时一般可不予考虑，因为它不影响订货的时间与批量；如果单价随采购的时间及数量改变，则应考虑。货物单价记为 k。

7.1.3　存储策略

对存储问题决定何时补充、每次补充多少的策略称之为存储策略。常见的策略有以下几种。

（1）定期补充策略（t_0 循环策略）

每隔固定时间 t_0 补充相同的货物批量 Q，使库存水平达到 S。本策略也称经济批量策略，适用于需求确定的存储系统。

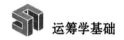

（2）定点补充策略，也称（s，S）策略

经常检查库存量，每当存储量多于 s 时不补充，不足 s 时补充存储，使库存水平达到 S。其中，s 为最低库存量。这种策略主要用于随机性存储模型。

（3）（t，s，S）混合策略

将定期与定点两种补充法综合使用，每经过时间 t 检查存储量，每当存储量多于 s 时不补充，不足 s 时补充存储，使库存水平达到 S。存储论要解决的问题是：多长时间补充一次，每次应该补充的数量是多少。

7.1.4　存储模型与目标函数

确定存储策略时，通常是把实际问题抽象为数学模型。在形成数学模型的过程中，需要做一些假设，对一些复杂的条件尽量加以简化，使模型能够反映问题的本质特征就可以了，并易于理解、便于计算。然后再对数学模型采用相应的数学方法加以研究处理及计算，得出定量的结论。而这结论正确与否，还要拿到实践中加以检验。如果结论与实际不符，则要对模型重新进行研究与修改。根据长期研究与积累的经验，现已得出一些行之有效的模型。从存储模型的总体上看，可以分为两类：一类称为确定性模型，即模型中的数据都为确定性的数值；另一类叫作随机性模型，即模型中含有随机变量，不全是确定性的数值。

存储模型中，通常以平均费用函数作为目标函数，确定使总费用最低的最佳订购（生产准备）次数和订购（生产）数量。但是由以上对有关费用的分析可知，次数和数量是一对矛盾。在一般情况下，订货（生产准备）次数减少，必然使每次订购（生产）数量增加。减少次数固然可以降低订购（生产准备）费用，但是会因订购（生产）数量的增加而使存储

量增多，从而导致支付更多的货物存储费用，见存储系统费用曲线图 7.3。因此最优存储策略应在次数和数量之间寻求某种平衡，使存储系统总费用达到最小。

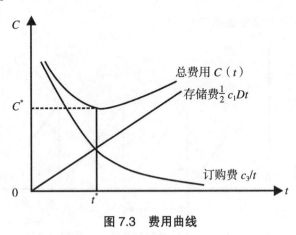

图 7.3 费用曲线

7.2 确定性存储模型

在物资仓储管理中，如果物资的备运期、交货的数量、销售量都是确定的，或基本上是确定的，那么这种模型就可以看作是确定性模型。本节主要介绍四个确定型存储模型。模型一：不允许缺货，瞬时到货；模型二：不允许缺货，逐步均匀到货；模型三：允许缺货，瞬时到货；模型四：允许缺货，逐步均匀到货。

7.2.1 模型一：不允许缺货、瞬时到货模型（生产时间很短）

本模型假设：

（1）用户的需求是连续、均匀的，需求速度是常数，记为 D。

（2）当存储降为零时，可以立即得到补充，即订货一次到齐。

（3）缺货损失费为无穷大，即不允许缺货。

（4）每次订货量不变，记为 Q；每次订货费不变，即 c_3 为常数。

（5）单位存储费不变，即 c_1 为常数。

存储量的变化情况如图 7.4 所示。

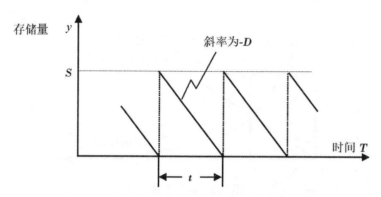

图 7.4 不允许缺货、瞬时到货模型存储量的变化

为简单起见，我们认为货物的单价是不变的。因此，根据假设，该模型的费用只有订货费和存储费两项。每次订货的批量为多少？每隔多长时间订货最佳？可以单位时间的总费用最低或以单位货物的总费用最少来确定，这里取前者确定。因为各个周期的情况完全相同，因此，只需考虑其中一个周期的费用就可以了。

假定每隔 t 时间订货一次（补充一次存储），订货量为 Q，那么订货量必须满足 t 时间的需求 Dt，即订货量 $Q=Dt$。由于存储量的变化是线性的，故 t 时间内的平均存储量为 $\frac{1}{t}\int_0^t Dt\,dt=\frac{1}{2}Dt$。

t 时间内单位时间的平均存储费为 $\frac{1}{2}c_1 Dt$。

订货费 c_3，货物单价 k，则 t 时间内订货费及货物成本为 c_3+kDt。t 内单位时间的订货费及货物成本为 $\frac{c_3}{t}+kD$。

则 t 内单位时间的平均总费用为：

$$C(t) = \frac{1}{2}Dtc_1 + \frac{c_3}{t} + kD \qquad\qquad (7\text{-}1)$$

为求出使平均总费用最低的订货周期，只需令 $C'(t) = 0$，即

$$\frac{dC(t)}{dt} = \frac{1}{2}c_1D - \frac{c_3}{t^2} = 0$$

$$t^* = \sqrt{\frac{2c_3}{c_1D}} \qquad\qquad (7\text{-}2)$$

即得每 t^* 时间订货一次可使平均总费用 $C(t)$ 最小，t^* 就称为最佳订货周期。

最佳订货批量为

$$Q^* = Dt^* = \sqrt{\frac{2c_3D}{c_1}} \qquad\qquad (7\text{-}3)$$

上式即为存储论中著名的经济订货批量（Economic Ordering Quantity）公式，简称 E.O.Q 公式。

由于 Q^*、t^* 都与货物单价 k 无关，费用函数式（7-1）中，可略去 kD 这项费用，得

$$C(t) = \frac{1}{2}Dtc_1 + \frac{c_3}{t} \qquad\qquad (7\text{-}4)$$

将 t^* 代入（7-2）及（7-4），得最佳平均总费用

$$C^* = C(t^*) = \sqrt{2c_1c_3D} \qquad\qquad (7\text{-}5)$$

说明：

（1）如果备运期不为零，设备运期为 L，则在备运期内的输出量（需求量）为 $s = LD$，s 即为订货点。当货物存储量降为 s 时要开始订货，使当存储量刚好降为零时，订货正好到达。

（2）有时严格按经济批量订货并不方便，因为计算出的数值常常不是整数或不是包装规格的整数倍，这时需按实际情况对批量进行适当调整。对费用函数的灵敏度分析表明，当订购批量改变幅度不大时，对总费用的

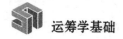

影响很小，故这种调整是可行的。

例7.1 某仓库存放一种物资，每天必须向用户发放存储物品 8 件，经过核算，该物品每件每年的存储费为 50 元；为了不断补充库存物资，每次向生产单位的订货费用为 600 元，且一订货就可提货。全年发货的天数为 300 天。

（1）如何组织订货费用最省？其最小费用是多少？

（2）从订购之日到货物入库需 18 天时间，求订货点。

解：经分析，该问题模型属于不允许缺货、瞬时到货模型。已知 $D=8$ 件 / 天，$c_1=50/300$ 元 /（件·天）$=0.167$ 元 /（件·天），$c_3=600$ 元。则

（1）最佳订货周期 $t^*=\sqrt{\dfrac{2c_3}{c_1 D}}=\sqrt{\dfrac{2\times600}{0.167\times8}}=30$（天）

最佳订货批量 $Q^*=\sqrt{\dfrac{2c_3 D}{c_1}}=\sqrt{\dfrac{2\times600\times8}{0.167}}=240$（件）

最小平均总费用 $C^*=\sqrt{2c_1 c_3 D}=\sqrt{2\times0.167\times600\times8}=40$（元）

（2）因拖后时间 $L=18$ 天，即订货的提前时间为 18 天，这 18 天的需求量为 $s^*=DL=8\times18=144$（件）

故当库存量为 144 件时应发出订货，即订货点为 144 件。

7.2.2 模型二：不允许缺货、逐步均匀到货模型（生产或进货过程需要一段时间）

其假设条件，除生产（或进货过程）需要一定时间外，其余皆与模型一相同。由于生产（或进货过程）需一定时间，故入库时，存储量不是像模型一中订货一次全部到齐，使存储量由零一下子增大到最大存储量，而是逐渐增加到最大存储量。这种边补充边供应的情况在实际工作中是比较常见的。比如，一些修理厂自己不断均匀地生产一些零配件，供本厂正常

修理使用；有一些材料仓库的库存和供应也存在类似的情况。对于这种情况，货物按一定速度均匀地补充入库，同时又按一定速度均匀地供应出库，由于补充速度大于需要速度，所以存储量持续上升；当上升到一定量时即停止补充，随后存储量又按需求速度均匀下降。当存储量下降到零时，又进行下一次均匀补充，如此循环下去。其存储量的变化如图 7.5 所示。

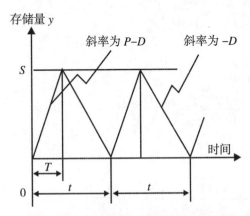

图 7.5 不允许缺货、逐步均匀到货模型存储量的变化

设生产（或进货过程）所需的时间为 T，则生产（或进货）速度为 $P=\dfrac{Q}{T}$，其中 Q 仍表示批量，且 $P>D$。在 T 时间（生产期或进货期）内，存储量以 $(P-D)$ 的速度增加，到 T 结束时，存储量增至最大值，然后以 D 的速度递减，直到库存降为 0。显然以速度 P 生产 T 时间的货物等于 t 时间内的需求 $PT=Dt=Q$：

$$T=\frac{D}{P}t \tag{7-6}$$

最大存储量为 $(P-D)T$，t 内单位时间的平均存储量为 $\frac{1}{2}(P-D)T$。

t 时间内所需平均存储费用为 $\frac{1}{2}c_1(P-D)T_t$

所以，t 内单位时间的平均总费用为平均存储费用和平均订货费之和（不考虑成本费）：

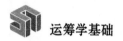

$$C(t) = \frac{1}{t}\left[\frac{1}{2}c_1(P-D)Tt + c_3\right]$$

$$= \frac{1}{2P}c_1(P-D)Dt + \frac{c_3}{t}$$

解得最佳订货周期（存储周期）：

$$t^* = \sqrt{\frac{2c_3P}{c_1D(P-D)}} = \sqrt{\frac{2c_3}{c_1D}}\sqrt{\frac{P}{P-D}} \qquad (7\text{--}7)$$

最佳订货批量：

$$Q^* = Dt^* = \sqrt{\frac{2c_3DP}{c_1(P-D)}} = \sqrt{\frac{2c_3D}{c_1}}\sqrt{\frac{P}{P-D}} \qquad (7\text{--}8)$$

最小平均总费用：

$$C^* = \sqrt{\frac{2c_1c_3D(P-D)}{P}} = \sqrt{2c_1c_3D}\sqrt{\frac{P-D}{P}} \qquad (7\text{--}9)$$

最佳生产（进货）时间：

$$T^* = \frac{D}{P}t^* = \sqrt{\frac{2c_3D}{c_1P(P-D)}} \qquad (7\text{--}10)$$

最大存储量：

$$S^* = Q^* - DT^* = \sqrt{\frac{2c_3D(P-D)}{c_1P}} \qquad (7\text{--}11)$$

例 7.2 在例 7.1 中，若仓库物资补充方式调整为生产单位每天向仓库补充库存物资 22 件，其余有关数据不变。如何组织订货费用最省，其最小费用是多少？

解：模型为不允许缺货、逐步均匀到货模型。已知 D=8 件/天，P=22 件/天，c_1=50/300 元/（件·天）=0.167 元/（件·天），c_3=600 元。

最佳订货批量 $Q^* = \sqrt{\dfrac{2c_3DP}{c_1(P-D)}} = \sqrt{\dfrac{2 \times 600 \times 8 \times 22}{0.167 \times (22-8)}} \approx 300$（件）

最佳订货周期 $t^* = \dfrac{Q^*}{D} = \dfrac{300}{8} \approx 38$（天）

最小平均总费用 $C^* = \sqrt{\dfrac{2c_1c_3D(P-D)}{P}}$

$\qquad\qquad\qquad = \sqrt{2 \times 0.167 \times 600 \times 8}\sqrt{\dfrac{22-8}{22}}$

$\qquad\qquad\qquad = 32$（元）

7.2.3　模型三：允许缺货（缺货要补）、瞬时到货模型

对前面介绍的两种模型，由于不允许缺货，必须有较多的存储量才能保证需求。如果允许缺货，则存储量可以减少一些，当存储量降至零后，还可以等一段时间后订货，订货周期也可适当延长，如果缺货的后果不严重，即缺货损失不大，则考虑采用允许缺货的存储策略往往比较有利。缺货期间所缺的货物，有的是需要在下批订货到达之后立即补足的（如生产中需要的原材料、备件及已签订了供货合同的货物），有的是不需要补足的（如商店销售的货物）。我们只讨论缺货要补的情况。

本模型除了允许缺货外，其余条件与模型一相同，所涉及的符号也与模型一相同，只是增加了两个符号：一是缺货损失费 c_2；二是最大存储量 S。因为在模型一中，最大存储量与每次订货批量相等，而在本模型中两者不相等，为专门讨论，故引入 S 表示最大存储量。模型的存储量的变化情况如图 7.6 所示。

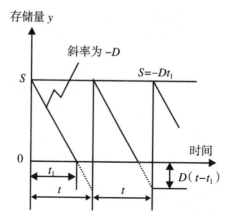

图 7.6 允许缺货、瞬时到货模型存储量的变化

假设最初存储量为 S，可以满足 t_1 时间内的需求 $S=Dt_1$，t_1 时间内的平均存储量为 $S/2$。在 t 时间内所需存储费为：

$$\frac{1}{2}c_1 St_1 = \frac{1}{2}c_1 \frac{S^2}{D}$$

在 $(t-t_1)$ 时间内因存储量为零而发生缺货，最多缺货 $D(t-t_1)$，故平均缺货量 $D(t-t_1)/2$。在 t 时间内的缺货损失费为

$$\frac{1}{2}c_2 D(t-t_1)^2 = \frac{1}{2}c_2 \frac{(Dt-S)^2}{D}$$

一个周期内的订货费为 c_3。

单位时间的平均总费用为：

$$C(t,S) = \frac{1}{t}\left[c_1 \frac{S^2}{2D} + c_2 \frac{(Dt-S)^2}{2D} + c_3 \right]$$

联立求解 $\frac{\partial C}{\partial S}=0$ 和 $\frac{\partial C}{\partial t}=0$ 得：

最佳订货周期和最大库存量：

$$t^* = \sqrt{\frac{2c_3(c_1+c_2)}{c_1 D c_2}} = \sqrt{\frac{2c_3}{c_1 D}}\sqrt{\frac{c_1+c_2}{c_2}} \qquad (7-12)$$

$$S^* = \sqrt{\frac{2c_2c_3D}{c_1\,(c_1+c_2)}} = \sqrt{\frac{2c_3D}{c_1}}\sqrt{\frac{c_2}{c_1+c_2}} \tag{7-13}$$

最小平均总费用：

$$C^* = \sqrt{\frac{2c_1c_2c_3D}{c_1+c_2}} = \sqrt{2c_1c_3D}\sqrt{\frac{c_2}{c_1+c_2}} \tag{7-14}$$

订货量要能满足一个周期内的需求，故最佳订货批量为：

$$Q^* = Dt^* = \sqrt{\frac{2c_3\,(c_1+c_2)\,D}{c_1c_2}} = \sqrt{\frac{2c_3D}{c_1}}\sqrt{\frac{c_1+c_2}{c_2}} \tag{7-15}$$

最佳缺货量：

$$q^* = Q^* - S^* = \sqrt{\frac{2c_1c_3D}{c_2\,(c_1+c_2)}} \tag{7-16}$$

若所缺货不需要补充，则最佳经济批量就是 S^*。

模型三中的最佳订货周期与最佳订货批量均为模型一的 $\sqrt{\dfrac{c_1+c_2}{c_2}}$ 倍，而 $\sqrt{\dfrac{c_1+c_2}{c_2}} > 1$，所以在允许缺货的条件下，订货周期延长了，订货次数减少了，而每次订货量增大了。

例7.3 某汽修厂每月需要某种汽配件90件，该种配件每件每月保管费0.4元，订货费100元。求（1）若允许缺货时，缺货费每月每件4元，如何组织订货使费用最省，其最小费用是多少？最大缺货数量为多少？（2）如果不允许缺货，求最佳订货批量、订货周期和最小费用。试与允许缺货的结果比较。

解：（1）模型为允许缺货、瞬时到货、缺货要补模型。已知 $D=90$ 件/月，$c_1=0.4$ 元/（件·月），$c_2=4$ 元/（件·月），$c_3=100$ 元。则

最佳订货批量：

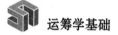

$$Q^* = \sqrt{\frac{2c_3D}{c_1}} \sqrt{\frac{c_1+c_2}{c_2}} = \sqrt{\frac{2 \times 100 \times 90}{0.4}} \sqrt{\frac{0.4+4}{4}} = 222.5 \text{（件）}$$

最佳订货周期：

$$t^* = \frac{Q^*}{D} = \frac{222.5}{90} = 2.47 \text{（月）}$$

最小平均总费用：

$$C^* = \sqrt{2c_1c_3D} \sqrt{\frac{c_2}{c_1+c_2}}$$

$$= \sqrt{2 \times 0.4 \times 100 \times 90} \sqrt{\frac{4}{0.4+4}}$$

$$= 80.90 \text{（元）}$$

最大缺货量：

$$q^* = \sqrt{\frac{2c_1c_3D}{c_2(c_1+c_2)}}$$

$$= \sqrt{\frac{2 \times 0.4 \times 100 \times 90}{4 \times (0.4+4)}}$$

$$= 20 \text{（元）}$$

（2）模型为不允许缺货、瞬时到货模型。

最佳订货批量：

$$Q^* = \sqrt{\frac{2c_3D}{c_1}} = \sqrt{\frac{2 \times 100 \times 90}{0.4}} = 212.1 \text{（件）}$$

最佳订货周期：

$$t^* = \frac{Q^*}{D} = \frac{212.1}{90} = 2.36 \text{（月）}$$

最小平均总费用：

$$C^* = \sqrt{2c_1c_3D} = \sqrt{2 \times 0.4 \times 100 \times 90} = 84.85 \text{（元）}$$

不允许缺货与允许缺货比较，允许缺货时，订货量虽然增加了，但订货到达后要补足缺货，从而使平均存储量减少了，同时订货周期也延长了，因此，总的费用有所下降。故若缺货损失不十分严重，允许缺货在经济上还是合算的。

7.2.4 模型四：允许缺货（缺货要补）、逐步均匀到货模型

该模型除供货过程需一定时间外，其余条件与模型三相同，设进货的速度为 P，其存储量的变化情况如图 7.7 所示。

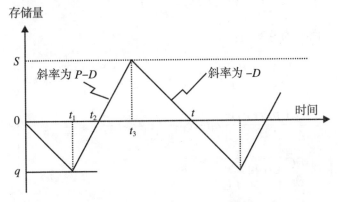

图 7.7 允许缺货、逐步均匀到货模型存储量的变化

取订货周期 $[\,0,t\,]$，其中 $[\,0,t_1\,]$ 是纯缺货期（存储系统没有输入），t_1 开始供货，$[\,t_1,t_3\,]$ 为进货时间，而 $[\,t_1,t_2\,]$ 时间内的供货除满足需求外，还须补足 $[\,0,t_1\,]$ 内的缺货，到 t_2 时刻缺货完全补足，尔后，由于供货速度大于需求速度，在 $[\,t_2,t_3\,]$ 内除满足需求后，多余的货物进入存储，存储量以 $(P-D)$ 的速度增加，S 表示存储量，到 t_3 时刻存储量达到最大。$[\,t_3,t\,]$ 是纯输出期，存储量以需求速度 D 减少，到 t 时刻，存储量降为零，进入下一周期的缺货期。一个周期内的最大缺货量为 Q。

最大缺货量 $Q=Dt_1=(P-D)(t_2-t_1)$

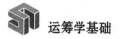

$$t_1 = \frac{P-D}{P} t_2 \qquad\qquad (7\text{-}17)$$

最大存储量 $S = (P-D)(t_3-t_2) = D(t-t_3)$

$$t_3 - t_2 = \frac{D}{P}(t-t_2) \qquad\qquad (7\text{-}18)$$

$[0, t]$ 内存储费：$\frac{1}{2} c_1 (P-D)(t_3-t_2)(t-t_2)$

将（7-18）代入上式，得 $\frac{1}{2} c_1 (P-D) \frac{D}{P}(t-t_2)^2$

$[0, t]$ 内缺货损失费：$\frac{1}{2} c_2 D t_1 t_2$

（7-17）代入上式，得 $\frac{1}{2} c_2 D t_2 \frac{P-D}{P} t_2$

$[0, t]$ 内平均总费用：

$$c(t, t_2) = \frac{1}{t}\left[\frac{1}{2} c_1 \frac{(P-D)D}{P}(t-t_2)^2 + \frac{1}{2} c_2 \frac{(P-D)D}{P} t_2^2 + c_3\right]$$

$$= \frac{(P-D)D}{2P}\left[c_1 t - 2c_1 t_2 + (c_1+c_2)\frac{t_2^2}{t}\right] + \frac{c_3}{t}$$

联立求解 $\frac{\partial C}{\partial t} = 0$ 和 $\frac{\partial C}{\partial t_2} = 0$，得

最佳订货周期：

$$t^* = \sqrt{\frac{2c_3}{c_1 D}}\sqrt{\frac{c_1+c_2}{c_2}}\sqrt{\frac{P}{P-D}} \qquad\qquad (7\text{-}19)$$

最佳订货批量：

$$Q^* = Dt^* = \sqrt{\frac{2c_3 D}{c_1}}\sqrt{\frac{c_1+c_2}{c_2}}\sqrt{\frac{P}{P-D}} \qquad\qquad (7\text{-}20)$$

最佳缺货时间：

$$t_2^* = \sqrt{\frac{2c_1 c_3}{c_2(c_1+c_2)D}}\sqrt{\frac{P}{P-D}} \qquad\qquad (7\text{-}21)$$

最大存储量：

$$S^*=D\left(t^*-t_3\right)=\sqrt{\frac{2c_3D}{c_1}}\sqrt{\frac{c_2}{c_1+c_2}}\sqrt{\frac{P-D}{P}} \qquad (7-22)$$

最大缺货量：

$$q^*=Dt_1=\frac{(P-D)D}{P}t_2=\sqrt{\frac{2c_1c_3D}{c_2(c_1+c_2)}}\sqrt{\frac{P-D}{P}} \qquad (7-23)$$

最小平均总费用：

$$C^*=\sqrt{2c_1c_3D}\sqrt{\frac{c_2}{c_1+c_2}}\sqrt{\frac{P-D}{P}} \qquad (7-24)$$

到目前为止我们介绍的四个模型中，模型一是最基本的，模型四可以看成是前三个模型分别扩展以后形成的综合模型。四个模型的几个最主要的参数——最佳订货周期 t^*、最佳订货批量 Q^* 和最少平均总费用 C^* 之间有密切联系。以模型一的 t^*、Q^* 和 C^* 为基础，对于允许缺货的情况，只要对 t^* 和 Q^* 上分别乘上因子 $\sqrt{\frac{c_1+c_2}{c_2}}$，对 C^* 乘以因子 $\sqrt{\frac{c_2}{c_1+c_2}}$；对于非瞬时供货的情况，只要对 t^* 和 Q^* 上分别乘以因子 $\sqrt{\frac{P}{P-D}}$，对 C^* 乘以因子 $\sqrt{\frac{P-D}{P}}$；对于既允许缺货，又非瞬时供货的情况，则同时乘以上述两个因子即可。

例 7.4 若在例 7.1 中允许缺货，其缺货损失估计为每件 5 元，仓库物资补充方式调整为生产单位每天向仓库补充库存物资 22 件，其余有关数据不变。如何组织订货费用最省，其最小费用是多少？

解：模型为允许缺货、均匀到货、缺货要补模型。已知 $D=8$ 件 / 天，$P=22$ 件 / 天，$c_1=50/300$ 元 /（件·天）$=0.167$ 元 /（件·天），$c_3=600$ 元，$c_2=5$ 元。则

最佳订货批量：

$$Q^* = \sqrt{\frac{2c_3 D}{c_1}} \sqrt{\frac{c_1+c_2}{c_2}} \sqrt{\frac{P}{P-D}}$$

$$= \sqrt{\frac{2 \times 600 \times 8}{0.167}} \sqrt{\frac{0.167+4}{4}} \sqrt{\frac{22}{22-8}}$$

$$=307（件）$$

最佳订货周期：

$$t^* = \frac{Q^*}{D} = \frac{307}{8} = 38（天）$$

最小平均总费用：

$$C^* = \sqrt{2c_1 c_3 D} \sqrt{\frac{c_2}{c_1+c_2}} \sqrt{\frac{P-D}{P}}$$

$$= \sqrt{2 \times 0.167 \times 600 \times 8} \sqrt{\frac{4}{0.167+4}} \sqrt{\frac{22-8}{22}}$$

$$=31.3（元）$$

7.2.5 模型五：后勤装备（产品）采购价格有折扣的 E.O.Q 模型

以上讨论的存储模型中，均假设存储货物的单价是常量，但在实际中，商品采购订货问题有时与单价有关，例如商品有所谓零售价、批发价和出厂价之分，现实中购买同一种商品的数量不同，商品的单价也不同。一般情况下购买的数量越多，商品的单价越低（即批量价格优惠或价格折扣），此时订货时希望多订一些，降低货物成本，但订货多了，存储费必然增加，造成资金积压。如何在这两者之间权衡，使得既充分利用价格优惠，又使总费用最小，此乃价格有折扣的存储模型所要解决的问题。

记货物单价 $K(Q)$，其中 Q 为订货量。设 $K(Q)$ 按三个数量等级

变化，即

$$
K(Q) = \begin{cases} K_1, & 0 \leqslant Q < Q_1 \\ K_2, & Q_1 \leqslant Q < Q_2 \\ K_3, & Q_2 \leqslant Q \end{cases}
$$

且 $K1 > K2 > K3$。

模型中除货物单价随批量变化外，其他条件与模型一相同，则在时间 t 内的平均总费用为：

$$
C(t) = \frac{1}{2}Dtc_1 + \frac{c_3}{t} + KD
$$

又 $Q = Dt$，所以时间 t 内的总费用为：

$$
\frac{1}{2}c_1 Q \frac{Q}{D} + c_3 + KQ
$$

每单位物资所需的平均总费用为：

$$
C(Q) = \frac{1}{2}c_1 \frac{Q}{D} + \frac{c_3}{Q} + K
$$

显然有：

$$
C^{(1)}(Q) = \frac{1}{2}c_1 \frac{Q}{D} + \frac{c_3}{Q} + K_1 \quad, \ Q \in [0, Q_1)
$$

$$
C^{(2)}(Q) = \frac{1}{2}c_1 \frac{Q}{D} + \frac{c_3}{Q} + K_2 \quad, \ Q \in [Q_1, Q_2)
$$

$$
C^{(3)}(Q) = \frac{1}{2}c_1 \frac{Q}{D} + \frac{c_3}{Q} + K_3 \quad, \ Q \in [Q_2, \infty)
$$

C（Q）的图像如图 7.8 所示。

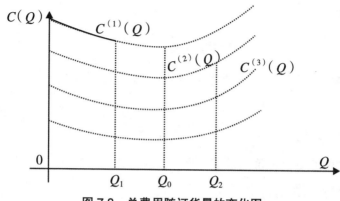

图7.8 总费用随订货量的变化图

不考虑定义域，以上三式之间差一个常数，其导数相同，为求最小总费用，可先求

$$\frac{dC(Q)}{dQ} = \frac{1}{2D}c_1 - \frac{c_3}{Q^2}$$

再令 $\frac{dC(Q)}{dQ} = 0$，得驻点

$$Q_0 = \sqrt{\frac{2c_3 D}{c_1}} \qquad\qquad (7-25)$$

从图7.8可见，如不考虑货物单价，则最小费用点为 Q_0。但考虑货物单价时，费用曲线呈逐段递减趋势，故 Q_0 未必真是最小费用点。假设 $Q_1 < Q_0 < Q_2$，此时也不能肯定 $C(2)(Q_0)$ 最小。从图中可以看出，当 $Q < Q_0$ 时，$C(Q)$ 是单调减小的，故最佳订货批量 Q^* 不可能小于 Q_0；当 $Q > Q_0$ 时，在 (Q_0, Q_2) 内 $C(Q)$ 单调上升，故 Q^* 不可能在 (Q_0, Q_2) 内；但当 $Q = Q_2$ 时，由于函数 $C(Q)$ 的曲线向下移动，故可能有 $C(Q_2) < C(Q_0)$，Q_2 可能成为 $C(Q)$ 的最小点；当 $Q > Q_2$ 时，$C(Q)$ 又单调上升，故 Q^* 不可能在 $(Q_2, +\infty)$ 内。综上所述，最佳订货批量 Q^* 应在驻点 Q_0 和 Q_0 右侧函数 $C(Q)$ 的分段点（这里是 Q_2）中选出。只要比较

$C(Q_0)$ 与 $C(Q_2)$ 的大小即可找出最佳订货批量 Q^*。

以上讨论可推广到单价分为 m 档的情况。

设订购批量为 Q，单价为：

$$K(Q) = \begin{cases} K_1, & 0 \leq Q < Q_1 \\ K_2, & Q_1 \leq Q < Q_2 \\ \vdots & \vdots \\ K_i, & Q_{i-1} \leq Q < Q_i \\ \vdots & \vdots \\ K_m, & Q_{m-1} \leq Q \end{cases}$$

则单位货物的平均费用为分段函数：

$$C(Q) = C^{(i)}(Q) = \frac{1}{2}c_1\frac{Q}{D} + \frac{c_3}{Q} + K_i, \quad i=1, 2, \cdots, m$$

函数 $C(Q)$ 的分段点依次为 $Q_1, Q_2, \cdots, Q_{m-1}$。

再令 $\dfrac{dC(Q)}{dQ} = 0$，得驻点

$$Q_0 = \sqrt{\frac{2c_3D}{c_1}}$$

若 $Q_{i-1} \leq Q_0 < Q_i$，求 min $\{ C^{(i)}(Q_0), C^{(i+1)}(Q_i), C^{(i+2)}(Q_{i+1}), \cdots, C^{(m)}(Q_{m-1}) \}$。若 $C^{(i)}(Q_0)$ 最小，则最佳订货批量 $Q^* = Q_0$；若 $C^{(n)}(Q_{n-1})$ 最小，则取 $Q^* = Q_{n-1}$（$i+1 \leq n < m$）。

例 7.5 设某医院订购某药品 A，年需用量为 24 000 件，每月存储费用 $c_1=0.1$ 元，订货费用为每次 100 元。按订货数量大小，其不同的价格（元/件）折扣如下：

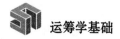

$$K(Q) = \begin{cases} 12.00 & 0 \leqslant Q < 1\,000 \\ 11.50 & 1\,000 \leqslant Q < 3\,000 \\ 11.00 & 3\,000 \leqslant Q < 5\,000 \\ 10.50 & Q \geqslant 5\,000 \end{cases}$$

若不允许缺货，且一订货就到货，试求最佳的订货批量和最小费用。

解：模型为价格有折扣的存储模型。已知 $D=2\,000$ 件 / 月，$c_1=0.10$ 元 / （件·月），$c_3=100$ 元 / 次。

单价不变时最佳订货批量：

$$Q_0 = \sqrt{\frac{2c_3 D}{c_1}} = \sqrt{\frac{2 \times 100 \times 2\,000}{0.10}} = 2\,000 \text{（件）}$$

因 $1\,000 \leqslant Q_0 < 3\,000$，故应计算

$$C(Q_0) = C^{(2)}(2\,000)$$

$$= \frac{1}{2} \times 0.1 \times \frac{2\,000}{2\,000} + \frac{100}{2\,000} + 11.50$$

$$= 11.60 \text{（元 / 件）}$$

$$C^{(3)}(Q_2) = C^{(3)}(3\,000)$$

$$= \frac{1}{2} \times 0.1 \times \frac{3\,000}{2\,000} + \frac{100}{3\,000} + 11.00$$

$$= 11.11 \text{（元 / 件）}$$

$$C^{(4)}(Q_3) = C^{(4)}(5\,000)$$

$$= \frac{1}{2} \times 0.1 \times \frac{5\,000}{2\,000} + \frac{100}{5\,000} + 10.50$$

$$= 10.65 \text{（元 / 件）}$$

因 $\min \{ C^{(2)}(Q_0), C^{(3)}(Q_2), C^{(4)}(Q_3) \} = C^{(4)}(Q_3)$

所以取 $Q_3=5\,000$ 为最佳订购批量，即 $Q^*=5\,000$ 件。

本模型中，由于订购批量不同，订货周期长短不一样，所以才利用平

均单位货物所需费用比较优劣。当然也可以利用单位时间的平均总费用

$C(Q) = \frac{1}{2}c_1Q + \frac{c_3D}{Q} + KD$ 作为比较标准。

7.2.6 多种物资同时订货的 E.O.Q 模型

利用各种 E.O.Q 模型可以确定一种物资的最优订货批量。但在实际中，常常是同时采购多种物资，凑够一批，以便于装车提运和节省运费。如：有 A、B 和 C 三种物资，库存周期分别为 t_1、t_2 和 t_3（不妨设 $t_1 > t_2$，$t_3 > t_2$）。若将 A 和 C 两种物资的库存周期分别压缩，即 $t_1 = t_2 = t_3$。这样就可以同时采购这三种物资，即降低了 A、B 两种物资的库存水平，节省了保管费，同时 A、B 两种物资虽然增加了订货次数，但由于三种物资同时采购，并不会使订货费增加。这时库存决策的目标是：如何确定最优的库存周期 t，从而确定最佳订货批量 Q^*，使库存总费用最小？

设同时订购几种物资，其各种参数如下：

D_i——第 i 种物资（$i = 1, 2, \cdots, n$）在单位时间的需求量；

t——n 种物资的共同周期；

Q_i——第 i 种物资的订货批量；

c_2——每次订货的费用；

c_{1i}——第 i 种单位物资在单位时间内的保管费。

第 i 种物资在单位时间内的保管费 $= \dfrac{Q_i c_{1i}}{2} = \dfrac{D_i t c_{1i}}{2}$，

n 种物资在单位时间内的保管费总和 $= \displaystyle\sum_{i=1}^{n} \dfrac{D_i t c_{1i}}{2}$，

单位时间的订货费 $= \dfrac{c_2}{t}$。

根据以上参数，可列出单位时间库存总费用 C 的计算公式为：

$$C = \sum_{i=1}^{n} \frac{D_i t c_{1i}}{2} + \frac{c_2}{t} \qquad （7-26）$$

对上式求导，并令其等于零，得：

$$\frac{dC}{dt} = \sum_{i=1}^{n} \frac{D_i c_{1i}}{2} - \frac{c_2}{t^2} = 0$$

从而有：

$$t^* = \sqrt{\frac{2c_2}{\sum_{i=1}^{n} D_i c_{1i}}} \qquad （7-27）$$

将上式代入 $Q_i = D_i t$ 得：

$$Q^* = D_i \sqrt{\frac{2c_2}{\sum_{i=1}^{n} D_i c_{1i}}} \qquad （7-28）$$

将 t^* 代入（7-26）得：

$$C^* = \sqrt{2c_2 \sum_{i=1}^{n} D_i c_{1i}} \qquad （7-29）$$

式（7-27）、（7-28）和（7-29）中，若 $n=1$，则与 E.O.Q 模型中的基本公式相同。

7.3 随机性存储模型

在上节所介绍的存储模型中，假设需求都是连续和均匀的，需求速度 D 是一个固定的常数，因而称之为确定性存储模型。对于确定性存储模型可采用 t_0 循环策略，即每隔固定时间 t_0 补充相同的货物批量 Q，这样可使平均存储费用达到最小。

但是在仓储管理实践中，由于各种偶然因素的影响，大多数的需求是变化不定的，并且在订货前难以了解需求的准确数值，只能根据以往的需求变化规律，加上对未来情况的分析，对需求量做出预测，以某种概率分布来描述。此外，还可能存在备运期是随机变化的情况。对这些存储问题，需要建立随机模型来解决。

本节我们讨论需求为随机变量，但其概率分布为已知的随机性存储模型。随机存储模型按订货是一次性的还是周期性的分为单时期模型和多时期模型。单时期模型是一个品种的一次订货，只是满足一个特定时期的需要。当存货销完时，并不发生补充进货问题。由于总需求量是不确定的，这就形成了两难的局面：货订得多了，虽然可以获得更多利润，但如果太多，将会由于卖不出去而造成损失。反之，订少了，虽然不会出现滞销而损失，但可能因供不应求而失掉销售机会。如在筹备一个大型的国际性运动会过程中，到底应准备多少食品、糕点、饮料呢？今年中秋节应准备多少月饼？像这样一类问题，其主要特征总是要在"太多"与"太少"两者之间找一个适当的订货量。多时期模型所研究的问题与确定模型的基本内容相同，只是需求规律性不同。按照需求的特征来分，可分为需求是离散型的和连续型的两种形式。

随机性存储模型的重要特点是需求为随机的，其概率分布为已知。此外，不允许缺货的条件也只能从概率的意义方面去理解，例如不允许缺货的概率为 0.9。在这种情况下，前面所用的模型已经不适用了。例如商店对某种商品进货 500 件。这 500 件商品可能在一个月内售完，也可能在两个月之后还有剩余，事先不能准确预测。这时商品如果想既不因缺货而失去销售机会，又不因滞销而过多积压资金，就必须采用新的存储策略。对于随机性存储问题，有几种基本的存储策略，如定期订货、定点订货和定期与定点订货结合的策略。存储策略的优劣，通常是以盈利期望值的大小

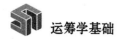

或损失期望值的大小作为衡量标准。

7.3.1 模型六：需求是随机离散的单时期存储模型

以典型例子报童问题来分析这类存储模型的求解。

报童问题：有一报童每天去邮局订购零售报纸，每天售报数量 r 是一个随机变量，其概率分布 $P(r)$ 由以往的经验是已知的，每张报纸的成本为 u 元，售价 v 元（$v > u$）。如果报纸当天卖不出去，第二天就要降价处理，设处理价（残值）为 w 元（$w < u$）。问：报童每天最好订购多少份报纸？

此类问题可以从使盈利的期望值最大或损失的期望值最小两个角度去考虑，其结果是相同的。

设报童购进 Q 份报纸，则收益为：

$$Y_1 = \begin{cases} Qv, & r > Q \\ rv, & r \leqslant Q \end{cases}$$

收益期望值为：

$$E(Y_1) = v(P_1 + 2P_2 + \cdots + QP_Q) + vQ(P_{Q+1} + P_{Q+2} + \cdots)$$

另一方面，残值为：

$$Y_2 = (Q-r)W \qquad (Q > r)$$

残值的期望值为：

$$E(Y_2) = w[QP_0 + (Q-1)P_1 + (Q-2)P_2 + \cdots + P_{Q-1}]$$

总的利润期望值：

$$T(Q) = E(Y_1) + E(Y_2) - Qu$$

$$= v\sum_{r=0}^{Q} rP_r + vQ\sum_{r=Q+1}^{\infty} P_r + w\sum_{r=0}^{Q-1}(Q-r)P_r - Qu \qquad (7-30)$$

由于 Q 是离散变量，不能用微分法求出其极大值。$T(Q)$ 的最大值

点应是满足

$$\begin{cases} T(Q-1) \leqslant T(Q) \\ T(Q+1) \leqslant T(Q) \end{cases} \tag{7-31}$$

的 Q^*。

将（7-30）代入（7-31）可得：

$$v \sum_{r=Q+1}^{\infty} P_r + w \sum_{r=0}^{Q} P_r \leqslant u \leqslant v \sum_{r=Q}^{\infty} P_r + w \sum_{r=0}^{Q-1} P_r$$

即

$$v \left(1 - \sum_{r=0}^{Q} P_r \right) + w \sum_{r=0}^{Q} P_r \leqslant u \leqslant v \left(1 - \sum_{r=0}^{Q-1} P_r \right) + w \sum_{r=0}^{Q-1} P_r$$

亦即

$$\sum_{r=0}^{Q-1} P(r) \leqslant \frac{v-u}{v-w} \leqslant \sum_{r=0}^{Q} P_r \tag{7-32}$$

上式可改写成

$$\sum_{r=0}^{Q-1} P(r) \leqslant \frac{v-u}{(v-u)+(u-w)} \leqslant \sum_{r=0}^{Q} P_r$$

令 $k=v-u$ 为单位货物能及时售出的盈利数，$h=u-w$ 为单位货物不能及时售出的亏损数。则（9-32）可写作

$$\sum_{r=0}^{Q-1} P(r) \leqslant \frac{k}{k+h} \leqslant \sum_{r=0}^{Q} P_r \tag{7-33}$$

由（7-32）或（7-33）可确定最佳订购批量 Q^*，其中 $\frac{v-u}{v-w}$ 称为临界值。

下面从尽可能少受损失的角度来求解上述问题。这时，报童考虑的是因不能出售完所订报纸而受到的损失和订货不够失去销售机会而受到的损失，希望两者的期望值之和为最小。

当供过于求时，报纸因不能完全售出而受到的损失 $Y3$ 的期望值为：

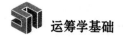

$$E(Y_3) = \sum_{r=0}^{Q} (u-w)(Q-r)P_r$$

当供不应求时，报童因缺货失去部分销售机会而少赚钱的损失 Y_4 的期望值为：

$$E(Y_4) = \sum_{r=Q+1}^{\infty} (v-u)(r-Q)P_r$$

总的损失的期望值为：

$$t(Q) = E(Y_3) + E(Y_4)$$

$$= \sum_{r=0}^{Q} (u-w)(Q-r)P_r + \sum_{r=Q+1}^{\infty} (v-u)(r-Q)P_r$$

即

$$t(Q) = (u-w)\sum_{r=0}^{Q} (Q-r)P_r + (v-u)\sum_{r=Q+1}^{\infty} (r-Q)P_r \qquad (7-34)$$

$t(Q)$ 的最小值点是满足

$$\begin{cases} t(Q-1) \geqslant t(Q) \\ t(Q+1) \geqslant t(Q) \end{cases} \qquad (7-35)$$

的 $Q*$。

将（7-34）代入（7-35），化简整理后得：

$$\sum_{r=0}^{Q-1} P(r) \leqslant \frac{v-u}{v-w} \leqslant \sum_{r=0}^{Q} P_r$$

这便是（7-32）。事实上，通过简单的运算可以得到：

$$T(Q) + t(Q) = k\sum_{r=0}^{\infty} rP(r)$$

其中，$\sum\limits_{r=0}^{\infty} rP(r)$ 为对报纸的平均需求量 $E(r)$，对于确定的问题，它是个常量。因此

$$T(Q) + t(Q) = 平均盈利（常数）$$

有时销售量 r 服从某种理论分布，如泊松分布，即

$$P(r) = \frac{e^{-\lambda}\lambda^r}{r!} \ , \ r=0, \ 1, \ 2, \ \cdots, \ n; \ \lambda > 0$$

其中 λ 是在两次订货间隔内的平均需求量，当 λ 已知时，销售量 r 的累积概率 $F(Q) = \sum\limits_{r=0}^{Q} P_r$。查泊松分布累积概率值表可计算出 $F(Q)$。

例 7.6 设某医院每天需某物资的数量 r 是随机变量，相应的概率是 $P(r)$，其统计资料是：

r	9	10	11	12	13	14
$P(r)$	0.05	0.15	0.20	0.40	0.15	0.05

保管费 100 元 /（件·天），缺货费 200 元（件·天），求最佳订货批量。

解：已知 k=200 元，h=100 元，则

$$\frac{k}{k+h} = \frac{200}{200+100} = 0.667$$

又

$$P(9) + P(10) + P(11) = 0.40$$

$$P(9) + P(10) + P(11) + P(12) = 0.80$$

所以最佳订货批量 Q^*=12。

7.3.2 模型七：需求是连续型随机变量的单时期存储问题

在报童问题中，如果需求不是离散型随机变量，而是连续型随机变量 x，并且它的概率密度 $\varphi(x)$ 是已知的，那么（7–30）式中的利润期望值变为：

$$T(Q) = v\int_0^Q x\varphi(x)\,dx + vQ\int_Q^\infty \varphi(x)\,dx + w\int_0^Q (Q-x)\varphi(x)\,dx - Qu \quad （7–36）$$

（7–34）式中的损失之期望值变为：

$$t(Q) = (u-w)\int_0^Q (Q-x)\varphi(x)\,dx + (v-u)Q\int_Q^\infty (x-Q)\varphi(x)\,dx \quad （7–37）$$

求出 $T(Q)$ 的极大值点或 $t(Q)$ 的极小值点即可确定最佳订货批量。

如令

$$\frac{dt(Q)}{dQ}=0, \text{可得}$$

$$\int_0^Q \phi(x)\,dx = \frac{v-u}{v-w} = \frac{k}{k+h} \tag{7-38}$$

最佳订货批量 Q^* 即可由上式确定。

例7.7 某书报亭经营某种期刊，销售每册赚0.3元，如过期则每册赔0.5元，统计表明，市场对该期刊的需求服从均匀分布，最高需求量 $b=1500$ 册，最低需求量 $a=600$ 册。问：进货多少才能损失最小？

解：已知 $k=0.3$，$h=0.5$，故

$$\frac{k}{k+h} = \frac{0.3}{0.3+0.5} = 0.375$$

均匀分布的概率密度为

$$\phi(x) = \begin{cases} \dfrac{1}{b-a}, & a \leqslant x \leqslant b \\ 0, & \text{其他} \end{cases}$$

由（7-38）得

$$\int_a^Q \frac{1}{b-a}\,dx = \frac{Q-a}{b-a} = \frac{Q-600}{1500-600} = 0.375$$

解得最佳订货批量 $Q^*=937.5$（册）

7.3.3 模型八：需求是连续的随机变量，不考虑货物的残值而考虑其存储费用

设货物的单位成本为 k，售价为 p，单位存储费为 c_1（这里的 c_1 与模型一中的 c_1 含义不同，本模型不考虑存储时间的长短），需求 X 是连续型随机变量，概率密度为 $\varphi(x)$，分布函数为 $F(x) = \int_0^x \varphi(x)\,dx$（因为当

$x > 0$ 时，$\varphi(x) = 0$，故积分下限取为零）。在以上条件下，问：订货批量 Q 为多少时，使盈利的期望值最大？

在此模型中，进货后即行销售，不能售出的部分则存储起来，因此有：

盈利 = 销售收入 − 货物成本 − 存储费用

销售收入与存储费用都是订货批量 Q 的函数（当然也同时受需求 X 的影响，但 X 是一个已知的随机变量），分别记为 $R(Q)$ 和 $c_1(Q)$。

当需求 X 小于 Q 时，销售量为 X，$R(Q) = pX$；当需求 X 大于或等于 Q 时，销售量为 Q（全部售出），$R(Q) = pQ$。

当需求 X 小于 Q 时，未售出的 $Q-X$ 需存储起来，存储费 $c_1(Q) = c_1(Q-X)$；当需求 X 大于或等于 Q 时（全部售出），存储费为 $c_1(Q) = 0$。

货物成本为 kQ。

以 $W(Q)$ 表示订货量为 Q 时的盈利，则：

$W(Q) = R(Q) - k(Q) - c_1(Q)$

$E[W(Q)] = E[R(Q)] - k(Q) - E[c_1(Q)]$

$= \int_0^Q px\varphi(x)\,dx + \int_Q^\infty pQ\varphi(x)\,dx - kQ - \int_0^Q c_1(Q-x)\varphi(x)\,dx$

$= \int_0^\infty px\varphi(x)\,dx - \int_Q^\infty px\varphi(x)\,dx + \int_Q^\infty pQ\varphi(x)\,dx - kQ - \int_0^Q c_1(Q-x)\varphi(x)\,dx$

$= pE(x) - [p\int_Q^\infty (x-Q)\varphi(x)\,dx + \int_0^Q c_1(Q-x)\varphi(x)\,dx + kQ]$

上式中，$pE(x)$ 为销售的平均收入，与订货量 Q 无关，是一个常数；中括号内第一项为因缺货而失去销售机会的损失期望值，第二项为滞销而支付的存储费的期望值；第三项为购货成本。因此，中括号内三项表示损失期望值（含货物进货成本）。

记 $E[w(Q)] = [p\int_Q^\infty (x-Q)\phi(x)\,dx + \int_0^Q c_1(Q-x)\phi(x)\,dx + kQ]$，则有等式：

$$E[W(Q)]+E[w(Q)]=pE(r)$$

从这个等式可以看到，模型六和模型八一样，不论订货量 Q 为何值，盈利期望值和损失期望值之和总是一个常数，即平均盈利 $pE(r)$。这是这类问题的固有性质。根据这一性质，原问题 $\max E[W(Q)]$ 可转化为问题 $\min E[w(Q)]$。下面求解问题 $\min E[w(Q)]$。

为求解 $\min E[w(Q)]$，由于 Q 为连续变量，可用微分法。

$$\frac{dE[w(Q)]}{dQ}=\frac{d}{dQ}[p\int_Q^\infty(x-Q)\phi(x)\,dx+\int_0^Q c_1(Q-x)\phi(x)\,dx+kQ]$$

$$=c_1\int_0^Q\phi(x)\,dx-p\int_Q^\infty\phi(x)\,dx+k$$

$$=(c_1+p)\int_0^Q\phi(x)\,dx-(p-k)$$

令 $\dfrac{dE[w(Q)]}{dQ}=0$，得

$$F(Q)=\int_0^Q\phi(x)\,dx=\frac{p-k}{p+c_1} \qquad (7\text{--}39)$$

由上式解出的 Q 即为最佳订货批量 Q^*。容易证明，Q^* 为 $E[w(Q)]$ 的最小值点，也是 $E[W(Q)]$ 的最大值点。

当 $p-k<0$ 时，式（9-34）不成立。但这种情况表示订购货物无利可图，故不生产或订货，即 $Q^*=0$。

当缺货损失不只是考虑销售收入的减少（如还要考虑赔偿需方损失等）时，单位缺货费 $c_2>p$，此时，只需在前面推导过程中用 c_2 代替 p 即可。该情况下 Q^* 由下式确定：

$$F(Q)=\int_0^Q\phi(x)\,dx=\frac{c_2-k}{c_2+c_1} \qquad (7\text{--}40)$$

模型八和模型六都是属于解决单时期的最优订货量问题的模型。对

于多时期订货问题，如果上一时期未能售出的货物数量为 I，则可作为本时期期初的存储量，则进货成本将减少 kI。利用公式（7-39）或（7-40）求出 Q^*。若 $I \geq Q^*$，本时期不订货；若 $I < Q^*$，本时期订货，订货量 $Q=Q^*-I$。此存储策略可称为定期订货。

例 7.8 某批发站供应一种季节性很强的商品，该商品在销售季节（一个时期）中的需求量 x 服从指数分布：

$$\phi(x) = \begin{cases} \dfrac{1}{10\,000} e^{-\frac{x}{10\,000}}, & x \geq 0 \\ 0, & \text{其他} \end{cases}$$

批发站在时期开始时一次进货，进货价是每件 10 元，市场上的售价是 35 元，未售出商品的保管费是每件 1 元。批发站必须保证客户订货要求，当批发站进货不足时，没有别的进货渠道，只有从市场上以零售价进货。求批发站的最优进货量。

解：这是单时期，无订货费，需求连续随机的存储模型，已知 $k=10$ 元 / 件，$p=35$ 元 / 件，$c_1 = 1$ 元 / 件。则有

$$\frac{p-k}{p+c_1} = \frac{35-10}{35+1} = 0.694\,4$$

即：

$$F(Q) = \int_0^Q \frac{1}{10\,000} e^{-\frac{x}{10\,000}} dx = 1 - e^{-\frac{Q}{10\,000}} = 0.694\,4$$

解得最佳订货批量为

$Q^*=11\,856$（件）

比期望需求 $E(x)=10\,000$ 多购 1 856 件。

7.4 ABC 库存分类管理技术及其应用

ABC 库存分类管理技术是一种简单、有效的库存管理技术，它通过对品种、规格极为繁多的库存物资进行分类，确定库存管理的重点，使得管理人员把注意力集中在那些金额最大、最需要加以重视的品种上，从而达到节省资金和费用的目的。

仓储管理中应用 ABC 库存管理技术时，一般按下列步骤进行：

（1）先计算每种库存物资在一定时期内的供应金额。计算方法是单价乘以供应物资的数量。

（2）按供应金额的大小顺序，排出其品种序列。供应金额最大的品种排在第一位，以此类推。然后再计算各品种的供应金额占总供应金额的百分比。

（3）按供应金额大小的品种序列计算供应金额的累计百分比。把占供应金额 70% 左右的各种物资作为 A 类物资，占余下累计 20% 左右的各种物资分为 B 类，其余各种物资作为 C 类。

A 类物资的特点是品种较少，但因年耗用量特别大，或价格高，因而供应金额特别大，占用的资金很多。通常 A 类物资的品种占全部品种的 10% 以下，而它们的供应金额则占全部库存物资金额的 60% ~ 70%。列入 A 类的往往是经营活动过程中的主要物资，是节约库存资金的重点和关键。

B 类物资品种占全部物资品种的 20% ~ 30%，但按供应金额计算则占全部库存物资金额的 20% 左右。

C 类库存物资的特点是品种多、但耗用量低，或单价低，所以按金额计算约占全部库存物资金额的 10% ~ 20%，其品种则占全部库存物资品种的 60% ~ 70%。

（4）在对库存物资进行 ABC 分类后，即可按类别实行有重点、有区别的管理和控制。

对 A 类物资的每一个品种应当计算其年需要量、库存费用、每批的采购费用，利用前面所述方法计算最佳订货批量，要求尽可能地缩减与库存有关的费用，并应经常进行检查。通常情况下 A 类物资的保险储备天数较少。

C 类物资订货次数不能过多，通常可按过去的消耗情况对它们进行上、下限控制，即库存量降到下限时进货。每次进货的数量与原有库存量的合计不超过上限。因这类物资占用资金不多，但如缺少它们，则会严重影响后勤活动的进行，故保险储备天数较大。总之，对 C 类物资可适当增大订购批量减少订购次数。

B 类物资也应加强管理，通常对其中一部分品种应当计算最佳订货批量，对其余部分则进行一般性管理，采用上、下限控制办法，其保险储备天数也较 A 类物资多，比 C 类少。

应当说明的是，上述管理方法有一定的局限性，不能机械地套用。

习　题

1. 某单位每月需要某种物资 3 000 件，购买此种物资每次需订购费 100 元，每件每月的存储费为 7.5 元，不允许缺货。问：每隔多少时间订购一次？每次订购多少件最划算？最小平均总费用为多少？

2. 在第一题中，假定允许缺货，每件物资缺货一天的损失费用为 0.08 元。求最佳订货批量、最佳订货周期、最小平均总费用和最大缺货量。

3. 在第一题中，假定供货方式变为逐步均匀到货，到货速率为每天 200 件。求最佳订货批量、最佳订货周期和最小平均总费用。

4. 在第一题中, 假定允许缺货, 每件物资缺货一天的损失费用为 0.08 元; 供货方式变为逐步均匀到货, 到货速率为每天 200 件。求最佳订货批量、最佳订货周期、最小平均总费用和最大缺货量。

5. 某工厂每年需用某原料 1 800 吨, 不需每月供应, 但不得缺货。设每吨每月保管费为 60 元. 每次的订购费为 200 元, 求最佳订货批量。另外若该工厂为了少占用流动资金, 宁愿比单位时间最少系统总费用多花 15%。问: 这样每次应订购多少吨? 间隔多少时间订购一次?

6. 某医院药房每年需某种药品 10 000 件, 每件每年的管理费为 20 元, 药品单价为 100 元, 每次订购需要费用 2 000 元。制药厂为促进销售提出的价格折扣条件为:

（1）订购 1 000 件以上, 药品单价为 90 元;

（2）订购 2 000 件以上, 药品单价为 80 元;

问医院如何订货最经济?

7. 某物品的需要量在 17 件至 26 件之间, 概率分布如下:

需求量 r	17	18	19	20	21	22	23	24	25	26
概率 $P(r)$	0.12	0.18	0.23	0.13	0.10	0.08	0.05	0.04	0.04	0.03

已知成本为 5 元/件, 售价为 10 元/件, 残值为 2 元/件, 问应进货多少, 能使利润的期望值最大?

8. 考虑某夏季商品单时期需求随机连续的存储模型。假如需求量 x 服从均匀分布, 其概率密度为:

$$\phi(x) = \begin{cases} \dfrac{1}{10}, & 0 \leqslant x \leqslant 10 \\ 0, & 其他 \end{cases}$$

若每件商品进价 0.5 元, 单位缺货损失为 4.5 元, 单位存储费为 0.5 元。期初无存货, 问: 应进货多少为宜?

第 8 章　排队论

　　排队论是研究排队系统（又称随机服务系统）的数学理论和方法，是运筹学的重要组成部分。排队论最早是由 20 世纪初丹麦数学家、电器工程师爱尔朗把概率论应用于研究电话系统服务过程时，对发生的拥挤排队现象进行研究而提出来的。20 世纪 30 年代中期，当费勒引进了生灭过程时，排队论才被数学界承认为一门重要的学科。20 世纪 50 年代初，肯道尔对排队论进行了系统研究，使排队论得到了进一步发展。

　　排队是人们生活、工作和学习中十分常见的现象。如在车站等车，进商场购物付款，乘电梯上下楼，到图书馆借书，去医院看病，到售票处购票，汽车通过收费站等，往往需要排队等待。其中的乘客、读者、病人、买票人及通过收费站的汽车都统称为顾客，而公共汽车、商场收银台、电梯、图书管理员、医生、售票员、收费站则为服务机构或服务台（员），由顾客和服务机构组成的系统叫排队系统或服务系统。

　　由于顾客到达和服务时间的随机性，排队现象几乎是不可避免的。在排队系统中，总存在这样一对矛盾，即顾客希望增加服务设备，缩短排队时间，使得不至于因排队太久影响生产活动的正常进行，甚至造成生命、财产的重大损失。但过多地增加服务台，势必会增加投资或因服务台长时间空闲而造成浪费。排队论正是协调解决排队系统中的这一矛盾的科学理论和有效方法，它通过在减少排队等候和服务台空闲这两者之间取得平衡，以建立一个顾客等候服务时间和服务台空闲时间都合理，既能满足顾客对服务的需求，又能充分发挥服务机构的工作效率、降低服务成本的服务系统。

8.1 排队论的基本概念和研究的分类

8.1.1 排队系统的基本概念

（1）排队过程的一般表述

排队过程的一般模型如图 8.1 所示，顾客由顾客源（总体）出发，按一定方式到达服务机构（服务台、服务员）前排队等候接受服务，而服务机构则按一定规则从队列中选择顾客进行服务，顾客接受服务完毕就离开。顾客和服务机构就组成一个排队系统，如图 8.1 中虚线部分，其中，排队结构是指队列的数目和排列方式，排队规则和服务规则是说明顾客在排队系统中按怎样的规则、次序接受服务的。

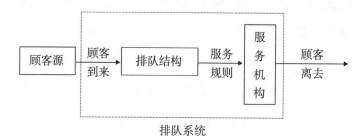

排队系统

图 8.1 排队过程的一般模型

由于在现实中排队现象是多种多样的，对"顾客"和"服务员"要做广义的理解，其含义要根据实际情况而确定，它既可以是人，也可以是非生物，如顾客可以是待修的机器等；队列可以是具体的排列，也可以是无形的（如向电话交换台要求通话的呼唤）；顾客可以走向服务机构，也可以相反（如送货上门）。

（2）排队系统的组成及特征

一般的排队系统都有三个基本的组成部分：输入过程、排队规则和服务机构。

1）输入过程。输入过程是指顾客按什么样的规律到达服务系统的过程，有时也称顾客流。一般需要从三个方面来描述：

①顾客的总体（顾客源）是有限的还是无限的。如上游的河水源源不断地流入水库，可以认为是一个无限的总体，到某火车售票处购票的顾客源也可以认为是无限的，因为一般并不存在一个最大的限制数；而待修的武器装备，等候救治的伤员，等待着陆的飞机则是有限的总体。

②顾客到达系统的方式是单个的，还是成批的。如到达宾馆服务台要求登记住宿的有单个到达的游客，也有成批到达的旅游团体；后勤装备物资入库多属成批到达。

③顾客相继到达系统的时间间隔是确定性的还是随机性的。如自动装配线上待装配的部件到达各个工序的间隔时间是确定的；而到银行自动取款机前取款的客户，到医院就诊的病人，通过某收费站的车辆，他（它）们到达的时间间隔则是随机的。事实上多数排队系统的顾客到达都是随机的。若是随机的，则必须研究顾客相继到达的间隔时间所服从的概率分布，或者研究在一定的时间间隔内到达$k(k=1,2,\cdots)$个顾客的概率有多大。一般来说，顾客相继到达排队系统的间隔时间所服从的概率分布有：定长分布、二项分布、负指数分布、爱尔朗分布等。如果间隔时间服从负指数

分布，那么在一定的时间间隔内到达的顾客数服从泊松分布，这时称到达系统的顾客流为泊松流 (或称最简单流)，这种情况是排队论研究的重点。

此外，还应考虑到顾客的到达是否相互独立，输入过程是否是平稳过程等。

2）排队规则。排队规则是指顾客来到排队系统后按怎样的次序接受服务，一般有损失制、等待制和混合制三大类。

①损失制 (或称即时制)。指当顾客到达时，如果所有服务台都已被占用，顾客自动离开系统。典型例子就是打电话时，拨号后出现忙音，顾客会挂断电话（离去），如要再打，则需重新拨号（相当于另一个顾客光顾系统），这种排队规则就是损失制。再如，敌机来犯，我防空武器都"忙"，有的敌机就会逃离。

②等待制。指顾客到达系统时，若所有服务台都被占用，顾客就加入排队队列等候服务。如排队等待购票，故障设备等待维修等。这时，为顾客服务的次序可以分别遵循以下几种规则：先到先服务（FCFS，First Come First Serve），后到先服务（LCFS，Last Come First Serve），随机服务（SIRO，Service in Random Order），优先权服务（PR，Priority）。先到先服务是最常见的情况，比较简单，也便于讨论。后到先服务的例子如仓库中堆垒存放的厚钢板，先入库的后被使用，而后入库的则先被使用；在情报处理中，最后到达的情报往往最有价值而被优先采用。随机服务是服务员从等待的顾客中随机地选出接受服务的对象而不管到达的先后，例如电视台和报社处理大量观众、读者来信时常采用这种方式。优先权服务是指服务系统对于某些特定的顾客群，允许他们具有优先获得服务的权利，如老人、儿童可以先进站登车；危重病员先就诊。

③混合制。是损失制和等待制相结合的一种排队服务规则。主要分为

两种情况：一是当顾客到达时，排队长度小于 K，就加入排队，若排队长度等于 K 或大于 K，则自动离开。如某汽车加油站只能容纳三辆待加油的车，第四辆车就会自动离开该加油站。二是排队等候时间有一定限制，即当顾客排队等候超过一定时间 T 就会自动离开，如某顾客在餐馆先排队等了一会儿，见服务员上餐太慢，他不愿久等而离去，另寻他处就餐。

3）服务机构。服务机构是指同一时刻有多少个服务台（服务员）可以接待顾客，对每一顾客的服务时间遵从什么规律。

①服务机构可以没有服务台，也可以是单服务台或多服务台的。在一个单服务台系统中，一个服务台为所有的顾客服务，如一个专科医生为所有前来就诊的病人看病。在敞架售书的书店，顾客在选书时就没有服务员，但在交款时可能有多个服务员。在多服务台系统中，服务台的结构有的是平行排列（并列）的，还有的是前后排列（串列）的，或者是混合排列的，如图 8.2 所示。图 8.2 中（a）为单服务台系统，（b）和（d）为多服务台并列系统，（c）为多服务台串列系统，（e）为多服务台混合排列系统。对并列服务台系统，每个顾客只接受其中任一服务台服务后，便可离开系统；而对串列服务台系统，顾客要依次接受若干服务台的服务。

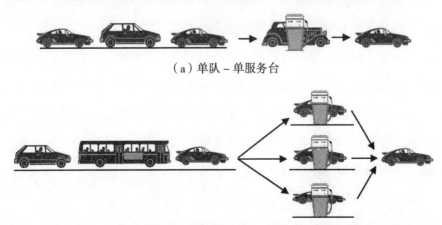

（a）单队－单服务台

（b）单队－多服务台（并列）

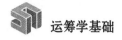
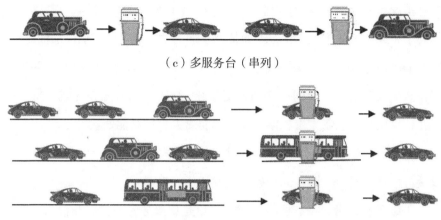

（c）多服务台（串列）

（d）多队 – 多服务台（并列）

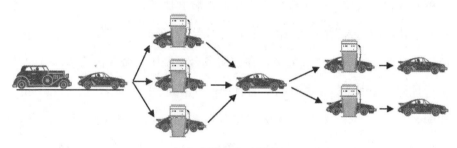

（e）多服务台（混合）

图 8.2　服务台数量及构成形式

　　②服务的方式可以对单个顾客进行，也可以对成批顾客进行。公共汽车对在站台等待的顾客是成批进行服务的。

　　③和输入过程一样，对顾客的服务时间可以是确定的，也可以是随机的。如自动冲洗汽车的装置对每辆汽车冲洗（服务）的时间是确定性的；但大多数情形下，手动冲洗汽车的服务时间是随机性的。对于随机性的服务时间，需要知道它的概率分布。通常服务时间服从的概率分布有：定长分布、负指数分布、爱尔朗分布等。

　　（3）排队系统的分类和记号表示

　　由于顾客源、顾客流、服务台、服务时间分布等诸方面的不同，因而会形成许多不同类型的服务系统。在上述排队系统各部分特征中，最主要、对系统影响最大的有三项，即顾客相继到达间隔时间的分布，服务时间的分布和服务台的个数。1953年，D. G. Kendall 提出按这三个特征对排队系统进行分类，并用一定符号表示排队系统模型，称为 Kendall 记号。记号的形式是：

A/B/C

其中，A 处填写表示顾客相继到达间隔时间的分布，B 处填写表示服务时间的分布，C 处填写并列的服务台的数量。表示顾客相继到达间隔时间和服务时间的各种分布的符号是：

M——负指数分布（M 是 Markov 的首字母，因为负指数分布具有无记忆性，即 Markov 性）；

D——确定型（Deterministic）；

E_k——k 阶爱尔朗分布（Erlang）；

GI———般独立的时间间隔的分布（General Independent）；

G———般服务时间的分布（General）。

为了完整地表达一个排队系统，于 1971 年召开的关于排队论符号的标准化会议决定将符号扩充为：

A/B/C/D/E/F

上述记号形式中，前三项意义不变，后三项的含义是：

D 处填写系统的容量限制 N（$0 \leq N \leq \infty$），即可容纳的最多顾客数，$N=0$ 表明系统不允许等待，即为损失制，$N= \infty$ 时为等待制；

E 处填写顾客源的顾客数目 m，仅分有限和无限两种，∞ 表示无限；

F 处填写服务规则，如先到先服务为 FCFS，后到先服务为 LCFS 等。

在排队论中，一般约定如下：如果记号中略去后三项时，则是指 A/B/

C/ ∞ / ∞ /FCFS 的情形。例如 $M/M/1/$ ∞ $/$ ∞ $/FCFS$ 可表示为 $M/M/1$，表示系统是一个顾客流为泊松流、服务时间为负指数分布、单服务台、系统等待空间容量无限 (等待制)、顾客源无限、采用先到先服务规则的系统。$M/M/c/N$ 表示了一个顾客相继到达时间间隔服从负指数分布、服务时间为负指数分布、c 个服务台、系统容量为 N、顾客源无限、先到先服务的排队模型。

8.1.2　排队系统的主要数量指标和记号

应用排队论解决排队问题的目的，是研究排队系统的运行效率，评估其服务质量，确定系统参数的最优值，评价系统结构是否合理，如不合理提出改进措施，对系统进行调整，使系统处于最优运行状态。为此，必须首先确定判断系统运行优劣的基本数量指标。在实际应用时，首先要求出这些指标的概率分布或其数字特征，然后与我们对系统的要求加以比较，以对其进行评估与优化。这些指标主要是以下几项。

（1）队长和排队长

队长是指系统中的顾客数，包括排队的顾客和正在接受服务的顾客，其期望值记为 L_s，称为平均队长。

排队长是指系统中排队等候服务的顾客数，其期望值记为 L_q，称为平均排队长。

（2）逗留时间和等待时间

逗留时间是指一位顾客在系统中停留的时间，包括排队等候的时间和接受服务的时间。逗留时间的期望值记为 W_s，称为平均逗留时间。

等待时间是一个顾客在系统中排队等候的时间，其期望值记为 W_q，称为平均等待时间。

以上四个工作指标对顾客或排队系统的管理者都是非常重要的，通常称之为重要的运行指标。一般来说，这几个运行指标值越小，说明系统队长越短，顾客等候时间越少，因此系统的性能就越好。

（3）忙期

忙期是指从顾客到达空闲服务机构起到服务机构再次空闲为止的时间长度（即服务机构连续繁忙的时间长度），其期望值记为 T_b，称为平均忙期。T_b 关系到服务机构的工作强度，平均忙期的长度以及一个忙期平均完成服务的顾客数都是衡量服务机构效率的指标。

（4）服务强度

我们把单位时间内到达服务系统的平均顾客数称为平均到达率，记为 λ；单位时间内被服务完毕后离开系统的平均顾客数称为平均服务率，记为 μ。而 $1/\lambda$ 为相邻两个顾客到达系统的平均间隔时间；$1/\mu$ 表示每个顾客的平均服务时间。

服务强度是指在相同的时间间隔内到达的顾客的平均数与服务系统能完成服务的顾客平均数之比。它反映了系统的服务效率和服务机构的利用程度，用 ρ 表示。

根据以上分析，$\rho = \dfrac{\lambda}{c\mu}$，其中 c 为系统中并列服务台的数目。

（5）顾客损失率

顾客损失率是指由于服务能力不足而造成顾客损失的比率。顾客损失率过高就会使服务系统的利润减少，所以采用损失制的系统都很重视这一指标。

上述指标都是针对系统在一段时间的运行中提出的，在对排队系统的分析中还常常要研究某一时刻 t 系统的状态。所谓系统的状态是指系统

中的顾客数，如果系统中有 n 个顾客，就说系统的状态是 n，或称系统处于状态 n。对于不同的模型，状态的取值是不同的：对队长没有限制时，$n=0$，1，2，…；队长有限制，最大数为 N 时，$n=0$，1，2，…，N；对损失制，服务台个数为 c 时，$n=0$，1，2，…，c。

系统处于各个状态构成一个概率分布，而这个概率分布一般是随时间 t 而变化的，我们将 t 时刻系统处于状态 n 的概率记为 $P_n(t)$。为求出 $P_n(t)$，一般方法是由给定的条件建立 $P_n(t)$ 的微分、差分方程（关于连续变量 t 的微分方程，关于离散变量 n 的差分方程）。方程的解称为排队问题的瞬时解。对许多问题，瞬时解不易求出，即使求出，使用起来也不方便。因此，我们常取其极限 $\lim_{t \to \infty} P_n(t) = P_n$（如果存在的话），称为稳态解，或称为统计平衡状态的解。在具体问题中求 $P_n(t)$ 时，并不一定求出后再求其极限，因为这样做往往比较烦琐，而只令导数 $P_n(t)=0$ 即可。稳态解的物理意义是，经过相当长时间的运行，系统各状态的概率分布不再随时间变化。在实际应用中的大多数问题，系统会很快趋于稳定。

8.1.3 排队论研究的分类

排队论对排队现象的研究大体分为三类。

（1）系统性状的研究 (即参数指标的研究)

它是指通过研究系统的上述数量指标在瞬时或平稳状态下的概率分布及其数字特征，了解系统的基本特征。

（2）统计问题的研究

所谓统计问题是指对服务系统统计数据的处理，如相继顾客到达的间隔时间是否独立而且同分布，属于何种分布；服务时间服从何种分布；服务时间与相继顾客到达时间间隔是否独立等。

（3）系统优化问题

排队系统优化的基本目的是使系统处于最优或最合理的状态，包括最优设计和动态控制问题：

1）系统的最优设计问题。在输入及服务参数给定的条件下，确定系统的参数。如在 $M/M/c$ 系统中，在已知到达率及服务率的情况下，如何设置服务台数 c，使得系统的某种指标达到最优。

2）系统控制问题。在这类问题中，系统运行的某些特征量可以随时间或状态而变化。例如，系统的服务率可以随着顾客数的改变而改变。根据系统的实际情况，假定一个实际可行的控制策略，然后分析系统的性状，以该策略确定系统的最优运行参数。例如，在 $M/M/c$ 系统中，可以采取这样的服务策略：当队长达到 a 时，增加服务台，一旦队长小于 a 时，取消增设的服务台，对于某个目标函数，可以确定最佳的 a。

8.2 输入过程与服务时间的分布和生灭过程

8.2.1 输入过程与服务时间的分布

在排队问题中，顾客相继到达系统的输入过程的规律性和服务时间的规律性是最重要的两个条件。在实际问题中，常常由原始资料得出顾客输入过程和服务时间的经验分布，然后用数理统计的方法进行检验，以确定采用哪种理论分布来拟合它们。在排队问题中，常用到的理论分布有泊松分布、负指数分布和爱尔朗分布。这几种分布常常能较好地拟合上述两个随机变量，在数学处理上也比较方便。

（1）泊松分布与泊松流

设 X 为取非负正数值的随机变量，若 X 的概率分布为：

$$P[X=n]=\frac{\lambda^n e^{-\lambda}}{n!} \quad (\lambda>0;\ n=0,\ 1,\ 2,\ \cdots) \tag{8-1}$$

则称 X 服从参数为 λ 的泊松分布，记为 $X \sim Poi(\lambda)$。

在排队系统中，设 $N(t)$ 表示在时间区间 $[0,\ t)$ 内到达的顾客数（$t>0$），令 $P_n(t_1,\ t_2)$ 表示在时间区间 $[t_1,\ t_2](t_1<t_2)$ 内有 n 个顾客到达的概率，即

$$P_n(t_1,\ t_2)=P\{N(t_2)-N(t_1)=n\} \quad (t_2>t_1,\ n\geqslant 0)$$

当 $P_n(t_1,\ t_2)$ 符合下列三个条件时，通常就说顾客到达数服从泊松分布或称顾客到达为泊松流。

1）无后效性（独立性），即在不相重叠的时间区间内顾客的到达数是相互独立的。换言之，即在时间区间 $(t,\ t+\Delta t)$ 和 $(0,\ t)$ 内与到达的顾客数无关。

2）平稳性，即在一定的时间间隔内到达系统的顾客数只与这段时间的长短有关，而与这段时间由什么时间开始无关。或者说，在一个充分小的时间间隔 Δt 内，即在 $[t,\ t+\Delta t]$ 内有一个顾客到达的概率与区间长度 Δt 成正比而与 t 无关，即：

$$P_1(t,\ t+\Delta t)=\lambda\Delta t+O(\Delta t)$$

其中 $O(\Delta t)$ 为关于 Δt 的高阶无穷小，$\lambda>0$ 为常数，它表示单位时间内有 1 个顾客到达的概率，称为概率强度。

3）普通性，即在瞬时内只能有一个顾客到达，而不可能有两个以上的顾客到达。换言之，即对于充分小的 Δt，在时间区间 $[t,\ t+\Delta t]$ 内有两个或两个以上顾客到达的概率极小，以致可忽略不计，或者说顾客是一个

一个地进入系统的，而不存在批量到达问题，即

$$\sum_{n=2}^{\infty} P_n(t, t+\Delta t) = O(\Delta t)$$

根据上述条件，不难证明，由 0 时刻开始到 t 时刻，到达系统的顾客数为 n 的概率

$$P_n(t) = P_n(0, t) = \frac{(\lambda t)^n}{n!} e^{-\lambda t} \quad (\lambda > 0; \ n = 0, 1, 2, \cdots) \qquad (8-2)$$

这表明，在时间长度为 t 的区间内顾客到达数 $N(t)$ 服从参数为 λt 的泊松分布。

$N(t)$ 的期望为

$$E[N(t)] = \sum_{n=0}^{\infty} nP_n(t) = \sum_{n=1}^{\infty} n \frac{(\lambda t)^n}{n!} e^{-\lambda t} \qquad (8-3)$$

$$= (\lambda t) \sum_{n=1}^{\infty} \frac{(\lambda t)^{n-1}}{(n-1)!} e^{-\lambda t}$$

$$= (\lambda t) e^{\lambda t} e^{-\lambda t}$$

$$= \lambda t$$

由此得到

$$\lambda = \frac{E[N(t)]}{t}$$

即参数 λ 的实际意义为单位时间内到达的顾客数的期望值，或称平均到达速率。

类似地易得 $N(t)$ 的方差

$$D[N(t)] = \lambda t \qquad (8-4)$$

（2）负指数分布

若 T 为非负的随机变量，若其概率密度是

$$f(t) = \lambda e^{-\lambda t} \quad (t \geq 0, \ \lambda > 0) \qquad (8-5)$$

则称 T 服从参数为 λ 的负指数分布。其分布函数为

$$F(t)=P(T\leqslant t)=1-e^{-\lambda t}\quad(t\geqslant 0,\ \lambda>0)\tag{8-6}$$

随机变量 T 的期望值为

$$ET=\int_0^\infty tf(t)\,dt=\int_0^\infty t\lambda e^{-\lambda t}\,dt=\frac{1}{\lambda}\tag{8-7}$$

随机变量 T 的方差为

$$DT=\frac{1}{\lambda^2}\tag{8-8}$$

负指数分布具有以下两条重要性质，在排队论中经常会用到：

1）由条件概率的公式可知

$$P\{T>t+s|T>s\}=P\{T>t\}$$

这个性质称为无记忆性（也称马尔可夫性）。若以 T 表示排队系统中顾客到达的时间间隔，那么此性质说明一个顾客到来所间隔的时间与过去一个顾客到来所间隔的时间 s 无关，所以说在这种情况下顾客到达完全是随机的。

2）负指数分布与泊松流有内在联系。在排队系统中，如果到达的顾客数服从以 λ 为参数的 Poisson 分布，则顾客相继到达的时间间隔 T 服从以 λ 为参数的负指数分布；反之亦然。这是因为对于泊松分布，在 [0，t] 区间内至少有 1 个顾客到达的概率 $1-P_0(t)=1-e^{-\lambda t}$，此概率还可表示为 $P(T\leqslant t)=1-e^{-\lambda t}=F(t)$，由此得，相继到达的间隔时间独立且服从负指数分布。

因此"到达的顾客数是一个以 λ 为参数的 Poisson 流"与"顾客相继到达的时间间隔服从以 λ 为参数的负指数分布"两个事实是等价的。所以在排队论模型记号中都用 M 表示。对于泊松流，参数 λ 表示单位时间内平均到达的顾客数，$1/\lambda$ 就表示相继到达的顾客的平均间隔时间，这正与

参数为 λ 的负指数分布的数学期望一致。

顾客接受服务的时间，有时也服从负指数分布，其参数一般用 μ 表示，密度函数为

$$f(t) = \mu e^{-\mu t} \qquad (t \geqslant 0, \ \mu > 0) \tag{8-9}$$

其数学期望 $1/\mu$ 表示每个顾客的平均服务时间。μ 表示在忙期内单位时间能被完成服务的平均顾客数。

（3）k 阶爱尔朗（Erlang）分布

设 T_1，T_2，$\cdots$，T_k 是 k 个互相独立的随机变量，服从相同参数 $k\mu$ 的负指数分布，则

$$T = T_1 + T_2 + \cdots + T_k$$

T 的概率密度为

$$f_k(t) = \frac{k\mu(k\mu t)^{k-1}}{(k-1)!} e^{-k\mu t} \qquad t \geqslant 0 \tag{8-10}$$

我们称 T 服从 k 阶爱尔朗（Erlang）分布，记为 Ek。

对爱尔朗分布，有

$$ET = \frac{1}{\mu}, \ ET = \frac{1}{k\mu^2}$$

例如，对 k 个串联的服务台，每个服务台的服务时间 T_1，T_2，$\cdots$，T_k 相互独立且都服从参数为 $k\mu$ 的负指数分布，则一个顾客依次接受完 k 个服务台服务的总时间 T 就服从 k 阶 Erlang 分布。

8.2.2 生灭过程简介与平稳状态分布

在排队论的研究中，一类非常重要且广泛存在的排队系统是生灭过程排队系统。生灭过程是一类非常特殊的描述系统消长生灭的随机过程，在生物学、物理学、运筹学领域有着广泛的应用。在排队论中，如果用"生"

表示顾客到达，"灭"表示顾客离去，这样 t 时刻的系统状态记为 $N(t)$（在时刻 t 系统中的顾客数），则 $\{N(t), t \geq 0\}$ 就构成了一个生灭过程。

生灭过程的定义

设 $\{N(t), t \geq 0\}$ 为一个随机过程。若 $N(t)$ 的概率分布具有以下性质：

（1）假设 $N(t)=n$，则从时刻 t 起到下一个顾客到达时刻止的时间服从参数为 λ_n 负指数分布，$n=0, 1, 2, \cdots$。

（2）假设 $N(t)=n$，则从时刻 t 到下一个顾客服务完毕离去时刻止的时间（即服务时间）服从参数为 μ_n 的负指数分布，$n=0, 1, 2, \cdots$。

（3）同一时刻只有一个顾客到达或离去。

则 $\{N(t), t \geq 0\}$ 为一个生灭过程。

一般说来，除个别特殊情况外，要得到 $N(t)$ 的概率分布 $P_n(t)=P\{N(t)=n\}$（$n=0, 1, 2, \cdots$）是比较困难的，因此通常是求当系统达到平稳状态后的状态分布，记为 P_n，$n=0, 1, 2, \cdots$。

由定义知，生灭过程实际上是一特殊的连续时间 Markov 链，即 Markov 过程。根据上述泊松分布同负指数分布的关系，λ_n 就是系统处于 $N(t)$ 时单位时间内顾客的平均到达率，μ_n 则是单位时间内顾客的平均离去率。将上面几个假定合在一起，则可用生灭过程的状态转移速率图（又称状态转移图）表示，见图 8.3。图 8.3 中的圆圈表示状态，圆圈中的数字是状态标号，它表示系统中的稳态顾客数（系统状态），圆圈的上方所标 P_n（$n=0, 1, 2, \cdots$）为相应状态的概率，弧形箭头表示从一个状态到另一个状态的转移，每个箭头边上标注出了当系统处于箭头起点状态时转换的平均率（λ_n 或 μ_n）。

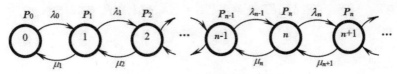

图 8.3　生灭过程状态转移图

为求平稳状态分布，考虑系统可能处的任一状态 n。假设记录了一段时间内系统进入状态 n 和离开状态 n 的次数，则因为"进入"和"离开"是交替发生的，所以这两个数要么相等，要么相差为 1。但就这两种事件的平均发生率来说，可以认为是相等的，即当系统运行相当时间而达到平稳状态后，对于系统的任一状态 $N(t)=n$ 来说，单位时间内进入该状态的平均次数（单位时间内平均顾客到达数）和离开该状态的平均次数（单位时间内平均顾客离去数）应该相等，这就是系统在统计平衡条件下的"流入＝流出"的原理。根据这一原理，可以求出系统在任一状态下的平衡方程式。

先考虑 $n=0$ 的状态。状态 0 的输入仅仅来自状态 1，处于状态 1 时系统的稳态概率为 P_1，而从状态 1 进入状态 0 的平均转换率为 μ_1。因此，从状态 1 进入状态 0 的输入率为 $\mu_1 P_1$，又从其他状态直接进入状态 0 的概率为 0，所以状态 0 的总输入率为 $\mu_1 P_1 + 0 \times (1-P_1) = \mu_1 P_1$。根据类似上面的理由，状态 0 的总输出率为 $\lambda_0 P_0$，于是有状态 0 的状态平衡方程：

0　　　　　　　　　　$\mu_1 P_1 = \lambda_0 P_0$　　　　　　　　　　（8-11）

对于其他各状态，都可以建立类似的状态平衡方程：

1　　　　　　$\lambda_0 P_0 + \mu_2 P_2 = (\lambda_1 + \mu_1) P_1$　　　　　（8-12）

2　　　　　　$\lambda_1 P_1 + \mu_3 P_3 = (\lambda_2 + \mu_2) P_2$

$\vdots$　　　　　　　　　　　　$\vdots$

$n-1$　　　　$\lambda_{n-2} P_{n-2} + \mu_n P_n = (\lambda_{n-1} + \mu_{n-1}) P_{n-1}$

$$n \qquad\qquad \lambda_{n-1}P_{n-1} + \mu_{n+1}P_{n+1} = (\lambda_n + \mu_n)P_n$$

$$\vdots \qquad\qquad\qquad \vdots$$

若记

$$C_n = \frac{\lambda_{n-1}\lambda_{n-2}\cdots\lambda_0}{\mu_n\mu_{n-1}\cdots\mu_1} \qquad (n=0,1,2,\cdots) \tag{8-13}$$

且定义 $C_0=1$，则由上述平衡方程可递推求得平稳状态的分布为：

$$P_n = C_n P_0 \qquad (n=0,1,2,\cdots) \tag{8-14}$$

由概率分布的要求

$$\sum_{n=0}^{\infty} P_n = 1$$

有

$$\left(1 + \sum_{n=1}^{\infty} C_n\right) P_0 = 1$$

于是

$$P_0 = \frac{1}{\left(1 + \sum_{n=1}^{\infty} C_n\right)} \tag{8-15}$$

注意：式（8-15）只有当级数 $\sum_{n=1}^{\infty} C_n$ 收敛时才有意义，即当 $\sum_{n=1}^{\infty} C_n < \infty$ 时，才能由上述公式得到平稳状态的概率分布。

8.3 单服务台指数分布排队模型

本节讨论输入过程服从参数为 λ 的泊松分布、服务时间服从参数为 μ 的负指数分布，并假设顾客到达与服务时间都是相互独立的，单队、单服务台排队模型。这类模型有以下几种：

（1）系统容量与顾客源皆为无限，即标准的 $M/M/1/\infty/\infty$，或简记为 $M/M/1$；

（2）系统容量有限，顾客源无限，即 $M/M/1/N/\infty$；

（3）系统容量无限，顾客源有限，即 $M/M/1/\infty/m$

如上节所述，对这类排队系统，由于在时刻 t 系统中的顾客数（系统状态）为 $N(t)$，$\{N(t), t \geq 0\}$ 构成一个生灭过程。当系统处于稳态时，我们可以通过状态平衡方程（式 8-11 与 8-12）得出系统状态为 n 的概率 P_n，然后确定反映系统特性的若干主要指标。

8.3.1　标准的 $M/M/1/\infty/\infty$ 服务系统模型（简记为 $M/M/1$）

标准的 $M/M/1$ 系统按先到先服务的规则进行服务，且当顾客来到系统时，若服务台已被占用，顾客就排队等待，等候空间无限制。这种服务系统在管理领域也是常见的，如敌坦克的陆续出现、对海上运动目标的射击、对射击点的指示过程，入侵我领空的敌机的到达等都可近似认为服从泊松分布；我方一个反坦克火力点对敌坦克射击、火炮施行集火齐射、高炮阵地防空系统对每架敌机的射击等，它们的有效射击时间间隔服从负指数分布，当敌目标的平均到达率 $\lambda < \mu$ 时，相应的排队服务系统则可归结为 $M/M/1$ 模型。

该排队系统的顾客平均到达率和服务台的平均服务率分别为与状态无关的常数 λ、μ，即 $\lambda_n=\lambda$、$\mu_n=\mu$（$n=0, 1, 2, \cdots$），系统状态转移图如图 8.4 所示。

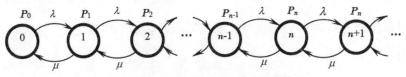

图 8.4　标准的 $M/M/1$ 系统状态转移图

由状态转移图，可以建立系统概率的稳态平衡方程如下：

$$\begin{cases} \mu P_1 = \lambda P_0 \\ \lambda P_{n-1} + \mu P_{n+1} = (\lambda + \mu) P_n \end{cases}$$

然后用递推求解得 P_n、P_0。

或直接由式 8-13 得：

$$C_n = \frac{\lambda_{n-1} \lambda_{n-2} \cdots \lambda_0}{\mu_n \mu_{n-1} \cdots \mu_1} = \left(\frac{\lambda}{\mu}\right)^n \quad (n=0,1,2,\cdots)$$

令 $\rho = \dfrac{\lambda}{\mu}$，由式 8-14 及 8-15 得：

$$P_n = \left(\frac{\lambda}{\mu}\right)^n P_0 = \rho^n P_0 \quad (n=0,1,2,\cdots) \tag{8-16}$$

$$P_0 = \frac{1}{\left(1 + \sum_{n=1}^{\infty} C_n\right)} = \frac{1}{1 + \rho + \rho^2 + \cdots + \rho^n + \cdots}$$

当 $0 \leqslant \rho < 1$（$\rho < 1$，否则排队等待服务的顾客数将随时间延续而愈来愈大，即队列将排至无限远）时，级数收敛，这时有

$$P_0 = \frac{1}{\dfrac{1}{1-\rho}} = 1 - \rho \tag{8-17}$$

式 8-16 和 8-17 可统一表示为：

$$P_n = (1-\rho)\rho^n \quad (n=0,1,2,\cdots) \tag{8-18}$$

上式表明，系统内无顾客，服务台空闲的概率为 $1-\rho$，系统内有 n（$n=0$，1，2，$\cdots$）个顾客的概率为 $\rho^n(1-\rho)$。下面来讨论 ρ 的实际意义。

在单服务台系统中，$\rho = \dfrac{\lambda}{\mu}$ 为平均到达率和平均服务率之比，即在相同时段内顾客到达的平均数与被服务完毕顾客的平均数之比。若将 ρ 表示为

$$\rho = \dfrac{\dfrac{1}{\mu}}{\dfrac{1}{\lambda}}$$

时，ρ 便表示顾客接受服务的平均时间和顾客到达的平均间隔时间之比，因此它是衡量整个系统工作强度的一个指标，通常称 ρ 为服务强度。由式 8–17 得 $\rho = 1 - P_0$，则 ρ 表示系统内有顾客的概率，也称 ρ 为服务机构的利用率。若 ρ 越接近于 1，说明系统的服务强度越高，服务机构越忙。

标准 $M/M/1$ 系统的重要运行指标如下：

（1）系统空闲（即没有顾客来到系统要求服务）的概率 P_0

由式 8–17 得

$P_0 = 1 - \rho$

而系统忙的概率 $P = 1 - P_0 = \rho$

（2）平均队长（即系统中的平均顾客数）L_s

$$L_q = \sum_{n=0}^{\infty} nP_n = \sum_{n=0}^{\infty} n\rho^n (1-\rho) = (1-\rho)\sum_{n=0}^{\infty} n\rho^n$$

$$= (1-\rho)\frac{\rho}{(1-\rho)^2} = \frac{\rho}{1-\rho}$$

或 $L_s = \dfrac{\lambda}{\mu - \lambda}$

（3）平均排队长（队列中等待的平均顾客数）L_q

$$L_q = \sum_{n=1}^{\infty} (n-1)P_n = \sum_{n=1}^{\infty} nP_n - \sum_{n=1}^{\infty} P_n = (1-\rho)\sum_{k=1}^{\infty} (k-1)\rho^k$$

$$= L_s - \rho = \frac{\rho^2}{1-\rho}$$

或 $L_q = \dfrac{\lambda^2}{\mu(\mu - \lambda)}$

（4）顾客平均逗留时间 W_s

可以证明，顾客的逗留时间 W 服从参数为 $\mu - \lambda$ 的负指数分布，于是有

$$W_s = E(W) = \frac{1}{\mu - \lambda}$$

（5）顾客在队列中的平均等待时间 W_q

顾客在系统中逗留的时间，由在队列中等待的时间和在服务台中接受服务的时间组成。因此，顾客在队列中等待时间的期望值，等于顾客在系统中逗留时间的期望值，减去在系统中接受服务时间的期望值，即

$$W_q = W_s - \frac{1}{\mu} = \frac{1}{\mu - \lambda} - \frac{1}{\mu} = \frac{\lambda}{\mu(\mu - \lambda)}$$

综合以上结果，可得标准 $M/M/1$ 系统的重要运行指标：

$$P_0 = 1 - \rho \qquad\qquad P_n = (1 - \rho)\rho^n \qquad (n \geq 1)$$

$$L_s = \frac{\lambda}{\mu - \lambda} \qquad\qquad L_q = \frac{\lambda^2}{\mu(\mu - \lambda)} \qquad\qquad (8\text{-}19)$$

$$W_s = \frac{1}{\mu - \lambda} \qquad\qquad W_q = \frac{\lambda}{\mu(\mu - \lambda)}$$

L_s、L_q、W_s 和 W_q 之间的相互关系为：

$$L_s = \lambda W_s \qquad\qquad L_q = \lambda W_q \qquad\qquad (8\text{-}20)$$

$$L_s = L_q + \frac{\lambda}{\mu} \qquad\qquad W_s = W_q + \frac{1}{\mu}$$

上式称为李特尔（Little）公式。以上关系是对 $M/M/1/\infty/\infty/FCFS$ 系统得到的，可以证明，在很宽的条件下，以上关系都是成立的。对于后面讨论的系统，我们将用 Little 公式推出系统的运行指标。

例8.1 某部医院急诊室同时只能诊治一个病人，诊治时间服从负指数分布，每个病人平均需要 15 分钟；病人按泊松分布到达，平均每小时 3 人。

试求：

（1）急诊室空闲的概率；

（2）急诊室内有 3 个病人的概率；

（3）急诊室内至少有 1 个病人的概率；

（4）急诊室内病人的平均数，等待服务的病人的平均数；

（5）病人在急诊室内的平均逗留时间和平均等待时间；

（6）病人必须在急诊室内消耗 15 分钟以上的概率。

解：该系统是标准的 $M/M/1$ 系统，已知 λ=3 人 / 小时，μ=60/15=4（人 / 小时），ρ=3/4=0.75。

（1）急诊室空闲的概率为

P_0=1−ρ=1−0.75=0.25

（2）急诊室内有 3 个病人的概率为

P_3=（1−ρ）ρ^3=（1−0.75）×0.75^3≈0.105

（3）急诊室内至少有 1 个病人的概率为

$P\{N \geqslant 1\}$=1−P_0=ρ=0.75

（4）急诊室内病人的平均数为

$$L_s = \frac{\lambda}{\mu - \lambda} = \frac{3}{4-3} = 3（人）$$

等待服务的病人的平均数为

$$L_q = \frac{\lambda^2}{\mu(\mu - \lambda)} = \frac{3^2}{4(4-3)} = 2.25（人）$$

（5）病人在急诊室内的平均逗留时间为

$$W_s = \frac{1}{\mu - \lambda} = \frac{1}{4-3} = 1（小时）$$

平均等待时间为

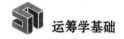

$$W_q = \frac{\lambda}{\mu(\mu-\lambda)} = \frac{3}{4(4-3)} = 0.75（小时）=45（分钟）$$

（6）病人必须在急诊室内消耗 15 分钟以上的概率为

$$P\{T > 0.25\} = e^{-0.25(4-3)} = 0.779$$

8.3.2 $M/M/1/N/\infty$ 服务系统模型

该系统的容量有限（最大容量为 N），队列中顾客数（即在排队等待的顾客数）最多为 $N-1$，在某时刻一顾客到达时，如系统中已有 N 个顾客，那么这个顾客就被拒绝进入系统，如图 8.5 所示。因系统容量有限，不允许队列无限增加，故无须 $\lambda < \mu$（即无须 $\rho < 1$），但 $\rho \neq 1$（$\rho = 1$ 的情形请读者参阅其他资料）。

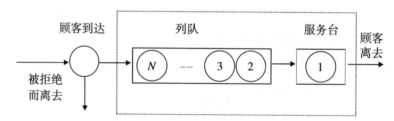

图 8.5 $M/M/1/N/\infty$ 服务系统模型

因为系统最多能容纳 N 个顾客（即等待位置只有 $N-1$ 个），故该排队系统的顾客平均到达率和服务台的平均服务率分别为

$$\lambda_n = \begin{cases} \lambda, & n=0,\ 1,\ 2,\ \cdots,\ N-1 \\ 0, & n=N,\ N+1,\ \cdots \end{cases}$$

$\mu_n = \mu$（$n=1,\ 2,\ \cdots,\ N$）。

系统状态转移图如图 8.6 所示。

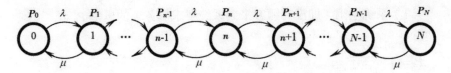

图 8.6 *M/M/1/N/* ∞ 系统状态转移图

由状态转移图，可以建立系统概率的稳态平衡方程如下：

$$\begin{cases} \mu P_1 = \lambda P_0 \\ \lambda P_{n-1} + \mu P_{n+1} = (\lambda + \mu) P_n \qquad 0 < n < N \\ \mu P_N = \lambda P_{N-1} \end{cases}$$

然后用递推求解得 P_n、P_0。

或令 $\rho = \dfrac{\lambda}{\mu}$，由式 8–13 得：

$$C_n = \begin{cases} \dfrac{\lambda_{n-1}\lambda_{n-2}\cdots\lambda_0}{\mu_n\mu_{n-1}\cdots\mu_1} = \rho^n & (n=1,\ 2,\ \cdots,\ N) \\ 0 & (n=N+1,\ N+2,\ \cdots) \end{cases}$$

由式 8–14 及 8–15 得：

$$P_n = \left(\frac{\lambda}{\mu}\right)^n P_0 = \rho^n P_0 \qquad (n=1,\ 2,\ \cdots,\ N)$$

$$\begin{aligned} P_0 &= \frac{1}{\left(1 + \sum\limits_{n=1}^{N} C_n\right)} \\ &= \frac{1}{1 + \rho + \rho^2 + \cdots + \rho^N} \\ &= \frac{1-\rho}{1-\rho^{N+1}} \qquad (\rho \neq 1) \end{aligned} \qquad (8\text{--}21)$$

$\rho = 1$ 的情形请读者参阅其他资料。由式 8–21 可导出 *M/M/1/N/* ∞ 服务系统的重要运行指标如下。

（1）系统空闲（即没有顾客来到系统要求服务）的概率 P_0

$$P_0 = \frac{1-\rho}{1-\rho^{N+1}}$$

（2）平均队长（即系统中的平均顾客数）L_s

$$L_s = \sum_{n=0}^{N} nP_n = \sum_{n=0}^{N} n \frac{1-\rho}{1-\rho^{N+1}} \rho^n$$

$$= \frac{1-\rho}{1-\rho^{N+1}} \left[\frac{\rho(1-\rho^{N+1})}{1-\rho^2} - \frac{(N+1)\rho^{N+1}}{1-\rho} \right]$$

$$= \frac{\rho}{1-\rho} - \frac{(N+1)\rho^{N+1}}{1-\rho^{N+1}}$$

（3）平均排队长（队列中等待的平均顾客数）L_q

$$L_q = \sum_{n=1}^{N} (n-1) P_n = L_s - (1-P_0)$$

由于排队系统的容量有限，只有 $N-1$ 个排队位置，当顾客排队未满 $N-1$ 个时，顾客的平均到达率为 λ，但当系统处于状态 N 时（系统已满员），新来的顾客将不能再进入系统，此时 $\lambda = 0$。故在研究平均逗留时间和平均等待时间时应只考虑实际进入系统的顾客数的有效达到率 λ_e，其计算原理为：当系统满员时，顾客可进入系统的概率是 $1-P_N$（顾客损失的概率为 P_N），则单位时间内实际进入系统的顾客平均数，即有效达到率 λ_e 为

$$\lambda_e = \sum_{n=0}^{\infty} \lambda_n P_n = \sum_{n=0}^{N-1} \lambda P_n = \lambda (1-P_N) = \mu (1-P_0)$$

有效达到率 λ_e 表示了在来到系统的所有顾客数中不能进入系统的顾客的比例。

（4）顾客平均逗留时间 W_s

$$W_s = \frac{L_s}{\lambda_e} = \frac{L_s}{\lambda\,(1-P_N)} = \frac{L_s}{\mu\,(1-P_0)}$$

（5）顾客在队列中的平均等待时间 W_q

$$W_q = W_s - \frac{1}{\mu} = \frac{L_q}{\lambda\,(1-P_N)}$$

综合以上结果，可得 $M/M/1/N/\infty$ 服务系统的重要运行指标：

$$P_0 = \frac{1-\rho}{1-\rho^{N+1}} \qquad\qquad P_n = \rho^n P_0$$

$$L_s = \frac{\rho}{1-\rho} - \frac{(N+1)\rho^{N+1}}{1-\rho^{N+1}} \qquad\qquad L_q = L_s - (1-P_0) \qquad (8-22)$$

$$W_s = \frac{L_s}{\mu\,(1-P_0)} \qquad\qquad W_q = W_s - \frac{1}{\mu}$$

例8.2 某信息处理系统有 1 台处理机和 4 个存贮单元，每个存贮单元可存放一份信息。信息到达时，处理机正在工作，则该信息进入一个空闲的存贮单元，若 4 个存贮单元都已被占用，则该情报丢失。信息输入为 Poisson 流，平均输入率为 4 份 / 小时；处理每份信息平均需要 10 分钟，处理时间服从负指数分布。求：

（1）信息进入系统后不用等待能立即得到处理的概率；

（2）系统中的信息平均数以及被占用的存贮器的平均数；

（3）信息的有效输入率；

（4）信息在系统中的平均逗留时间以及平均等待处理的时间；

（5）信息被拒绝处理的概率；

（6）增加一个存贮单元可以减少的信息被拒绝处理率。

解：这是一个 $M/M/1/N/\infty$ 系统，其中 $N=4+1=5$，$\lambda=4$ 份 / 小时，$\mu=6$

份 / 小时，$\rho = 2/3$。

（1）当系统中无信息时，信息一到达不用等待就可处理，所求概率为

$$P_0 = \frac{1-\rho}{1-\rho^{N+1}} = \frac{1-\frac{2}{3}}{1-\left(\frac{2}{3}\right)^6} = 0.356$$

（2）系统中的信息平均数为

$$L_s = \frac{\rho}{1-\rho} - \frac{(N+1)\rho^{N+1}}{1-\rho^{N+1}}$$

$$= \frac{\frac{2}{3}}{1-\frac{2}{3}} - \frac{(5+1)\left(\frac{2}{3}\right)^6}{1-\left(\frac{2}{3}\right)^6}$$

$$= 2 - 0.577 = 1.423 \text{（份）}$$

被占用的存贮器的平均数为

$$L_q = L_s - (1-P_0) = 1.423 - (1-0.356) = 0.788 \text{（个）}$$

（3）信息的有效输入率为

$$\lambda_e = \lambda(1-P_N) = \lambda(1-\rho^N P_0) = 4 \times \left[1-\left(\frac{2}{3}\right)^5 \times 0.356\right] = 3.808 \text{（份 / 小时）}$$

（4）信息在系统中的平均逗留时间为

$$W_s = \frac{L_s}{\lambda_e} = \frac{1.423}{3.808} = 0.374 \text{（小时）} = 22.4 \text{（分）}$$

以及平均等待处理的时间为

$$W_q = \frac{L_s}{\lambda_e} = \frac{0.788}{3.808} = 0.207 \text{（小时）} = 12.4 \text{（分）}$$

（5）信息被拒绝处理的概率为

$$P_5 = \rho^5 P_0 = \left(\frac{2}{3}\right)^5 \times 0.356 = 0.048$$

（6）当 N=6 时

$$P_0 = \frac{1-\rho}{1-\rho^{N+1}} = \frac{1-\dfrac{2}{3}}{1-\left(\dfrac{2}{3}\right)^7} = 0.354$$

$$P_6 = \rho^6 P_0 = \left(\frac{2}{3}\right)^6 \times 0.354 = 0.031\ 1$$

$P_5 - P_6 = 0.048\ 0 - 0.031\ 1 = 0.016\ 9 = 1.69\%$

即增加一个存贮单元可以减少的信息被拒绝处理率为 1.69%。

8.3.3　$M/M/1/\infty/m$ 服务系统模型

这是一种所谓的有限顾客源模型。设顾客总数为 m。当顾客需要服务时，就进入队列等待；服务完毕后，重新回到顾客源中，如此循环往复，如图 8.7 所示。如在装备技术保障活动中，一个维修技术人员负责维修 m 台装备，某台装备发生故障时，若维修人员空闲，即去修理，修好后装备又开始投入使用；若维修人员这时正在修理其他装备，则待修装备等待修理。这里维修人员是服务员，装备因故障待修就是顾客到达。一台装备出了故障，修好投入使用后，可能再出故障，又成为新的顾客，但系统内顾客的数目总不会超过 m，所以认为顾客为有限，属于 $M/M/1/\infty/m$ 服务系统模型。再如 m 个打字员共一台打字机。该类系统的容量虽然是无限的，但因顾客数不会超过 m，所以实际上也可认为系统容量为 m，故模型与 $M/M/1/m/m$ 服务系统模型相同。另外，在这类问题中，由于顾客源的数量是有限的，因此队列的长度也是有限的，并且队列的长度必定小于顾客源总数。

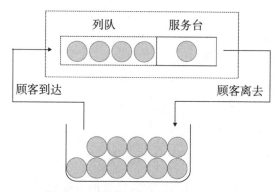

图 8.7　$M/M/1/\infty/m$ 服务系统模型

在无限源系统中，顾客的平均到达速率 λ 是整个顾客源的性质（按全体顾客来考虑），与单独的顾客无关。而在有限源系统中，由于一个顾客要反复接受服务，为简单起见，假定每一个顾客的到达率是相同的，设为 λ。这样，有限源系统顾客到达的平均速率就与顾客源中的顾客数有关（武器装备维修例中与处于工作状态的武器装备数有关）。以武器装备维修问题为例，设总数为 m 台，每台在单位时间内发生故障的平均次数为 λ，已经发生故障正在等待修理及正在接受修理的武器装备数为 L_s，则有限源系统顾客的有效到达率为

$$\lambda_e = \lambda\,(m - L_s)$$

当有 n 台武器装备发生故障时（系统的状态为 n），那么正常工作的武器装备对系统的平均到达率为 $\lambda_n = \lambda\,(m - n)$，显然它随系统状态的变化而变化。

如同无限源系统一样，为了求得系统的运行指标，必须先求出稳态时系统中有 n 个顾客的概率。系统状态转移图如图 8.8 所示。

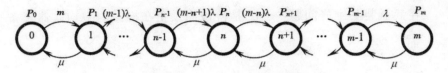

图 8.8 $M/M/1/\infty/m$ 系统状态转移图

由状态转移图，可以建立系统概率的稳态平衡方程如下

$$
\begin{cases}
\mu P_1 = m\lambda P_0 \\
(m-n+1)\lambda P_{n-1} + \mu P_{n+1} = [(m-n)\lambda + \mu]P_n & 0 < n < m \\
\mu P_m = \lambda P_{m-1}
\end{cases}
$$

然后用递推求解得 P_n、P_0。

或由式 8-13 得：

$$
C_n = \frac{m!}{(m-n)!}\left(\frac{\lambda}{\mu}\right)^n \qquad (n=1,\ 2,\ \cdots,\ m)
$$

由式 8-14 及 8-15 得：

$$
P_n = \frac{m!}{(m-n)!}\left(\frac{\lambda}{\mu}\right)^n P_0 \qquad (n=1,\ 2,\ \cdots,\ m) \tag{8-23}
$$

$$
P_0 = \frac{1}{\displaystyle\sum_{n=0}^{m}\left(\frac{\lambda}{\mu}\right)^n \frac{m!}{(m-n)!}} \tag{8-24}
$$

进一步可求得其他指标为

$$
L_s = m - \frac{\mu}{\lambda}(1-P_0) \tag{8-25}
$$

$$
L_q = m - \left(1 + \frac{\mu}{\lambda}\right)(1-P_0) = L_s - (1-P_0) \tag{8-26}
$$

$$
W_s = \frac{m}{\mu(1-P_0)} - \frac{1}{\lambda} \tag{8-27}
$$

$$
W_q = W_s - \frac{1}{\mu} \tag{8-28}
$$

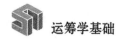

在武器装备维修问题中，L_s 是待检修及正在检修的平均武器装备数，而

$$m-L_s=\frac{\mu}{\lambda}\left(1-P_0\right)$$

表示正常运行的平均武器装备数。

例 8.3 某部有一个修理人员，负责看管 5 台同类型的装备，每台装备的连续使用时间服从负指数分布，平均连续运行时间 15 分钟。修理人员每次修理时间服从负指数分布，平均每次 12 分钟。求：

（1）修理人员忙的概率；

（2）五台装备都出故障的概率；

（3）出故障的平均台数及正常运转的装备的平均台数；

（4）平均停机时间；

（5）平均等待修理时间；

（6）评价这个系统的运行情况。

解：这是一个 $M/M/1/\infty/m$ 系统，根据题意，$m=5$，$\lambda=1/15$（台/分钟），$\mu=1/12$（台/分钟），$\lambda/\mu=0.8$

（1）修理人员空闲的概率

$$P_0=\frac{1}{\sum_{n=0}^{m}\left(\frac{\lambda}{\mu}\right)^n\frac{m!}{(m-n)!}}$$

$$=\left[\frac{5!}{5!}(0.8)^0+\frac{5!}{4!}(0.8)^1+\frac{5!}{3!}(0.8)^2+\frac{5!}{2!}(0.8)^3+\frac{5!}{1!}(0.8)^4+\frac{5!}{0!}(0.8)^5\right]$$

$$=0.0073$$

修理人员忙的概率为 $1-P_0=1-0.007\,3=0.992\,7$

（2）五台装备都出故障的概率为

$$P_5=\frac{5\,!}{0\,!}\,(\,0.8\,)^5 P_0=0.287$$

（3）出故障的平均台数为

$$L_s=m-\frac{1}{\rho}\,(\,1-P_0\,)=5-\frac{1}{0.8}\,(\,1-0.007\,3\,)=3.76\,（台）$$

正常运转的装备的平均台数为

$$L_q=L_s-(\,1-P_0\,)=3.76-(\,1-0.007\,3\,)=2.77\,（台）$$

（4）平均停机时间为

$$W_s=\frac{m}{\mu\,(\,1-P_0\,)}-\frac{1}{\lambda}=\frac{5}{\dfrac{1}{12}\,(\,1-0.007\,3\,)}-15=46\,（分）$$

（5）平均等待修理时间为

$$W_q=W_s-\frac{1}{\mu}=46-12=34\,（分）$$

（6）从以上指标可以看出，这个系统修理人员几乎没有空闲时间，装备的停工时间 W_s 是平均运行时间的三倍，系统的服务效率很低。

8.4　多服务台指数分布排队模型

本节讨论多服务台服务系统中比较基本的情形：顾客以泊松流到达后排成单队，c 个服务台并列为顾客服务，每个服务台的服务时间都服从负指数分布，各服务台工作相互独立，不搞协作。如同单服务台系统一样，分为以下几种情况进行讨论：

（1）标准的 $M/M/c/\infty/\infty$ 模型（简记为 $M/M/c$）；

（2）系统容量有限的 $M/M/c/N/\infty$ 模型；

（3）顾客源有限的 $M/M/c/\infty/m$ 模型。

8.4.1　标准的 $M/M/c/\infty/\infty$ 模型（简记为 $M/M/c$）

对标准的 $M/M/c$ 模型，顾客到达后，进入队列尾端；当某一个服务台空闲时，队列中的第一个顾客即到该服务台接受服务；服务完毕后随即离去，如图 8.9 所示。设顾客的平均到达率为常数 λ，c 个服务台的平均服务率是相同的，即 $\mu_1=\mu_2=\cdots=\mu_c=\mu$。于是就整个服务机构而言，系统的平均服务率与系统中的顾客数 n 有关。当 $n < c$ 时，系统中的顾客全部在服务台中，这时系统的平均服务率为 $n\mu$；当 $n \geq c$ 时，服务台中正在接受服务的顾客数为 c 个（所有服务台均忙），其余顾客在队列中等待服务，这时系统的服务速率为 $c\mu$，即

$$\mu_n=\begin{cases}c\mu, & n \geq c \\ n\mu, & n < c\end{cases}$$

如令 $\rho = \dfrac{\lambda}{c\mu}$，当 $\rho < 1$ 时系统才不会排成无限长的队列。

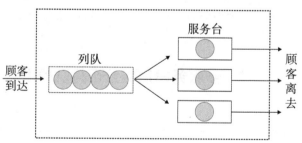

图 8.9　标准的 $M/M/c$ 模型

为了求得系统的状态概率，可先作出系统的状态转移图，如图 8.10 所示。

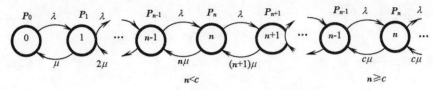

图 8.10　标准的 *M*/*M*/*c* 系统状态转移图

由状态转移图，可以建立系统概率的稳态平衡方程如下

$$
\begin{cases}
\mu P_1 = \lambda P_0 & \\
\lambda P_{n-1} + (n+1)\mu P_{n+1} = (\lambda + n\mu) P_n & 1 \leqslant n < c \\
\lambda P_{n-1} + c\mu P_{n+1} = (\lambda + c\mu) P_n & n \geqslant c
\end{cases}
$$

然后用递推求解得 P_n、P_0。

或由式 8-13 得：

$$
C_n =
\begin{cases}
\dfrac{1}{n!}\left(\dfrac{\lambda}{\mu}\right)^n & (1 \leqslant n \leqslant c) \\[3mm]
\dfrac{1}{c!\,c^{n-c}}\left(\dfrac{\lambda}{\mu}\right)^n & (n > c)
\end{cases}
$$

由式 8-14 及 8-15 得：

$$
P_0 = \left[\sum_{k=0}^{c-1} \dfrac{1}{k!}\left(\dfrac{\lambda}{\mu}\right)^k + \dfrac{1}{c!}\left(\dfrac{\lambda}{\mu}\right)^c \left(\dfrac{1}{1-\rho}\right) \right]^{-1} \tag{8-29}
$$

$$
P_n =
\begin{cases}
\dfrac{1}{n!}\left(\dfrac{\lambda}{\mu}\right)^n P_0 & (1 \leqslant n \leqslant c) \\[3mm]
\dfrac{1}{c!\,c^{n-c}}\left(\dfrac{\lambda}{\mu}\right)^n P_0 & (n > c)
\end{cases}
\tag{8-30}
$$

进一步可求得其他指标为

$$
L_q = \dfrac{(c\rho)^c \rho}{c!\,(1-\rho)^2} P_0 \tag{8-31}
$$

$$
L_s = L_q + \dfrac{\lambda}{\mu} \tag{8-32}
$$

$$W_s = \frac{L_s}{\lambda} \tag{8-33}$$

$$W_q = \frac{L_q}{\lambda} \tag{8-34}$$

例8.4 某保障系统三个窗口，保障对象到达服从泊松流，平均到达率为0.9人/分钟。对象到达后排成一队，依次到空闲窗口接受服务。每个窗口的服务时间服从负指数分布，平均服务率为0.4人/分钟。求：

（1）该保障系统空闲的概率；

（2）平均队长；

（3）平均等待时间及逗留时间；

（4）保障对象到达后必须等待方能接受服务的概率。

解：该系统为标准的 $M/M/c$ 系统。已知 $c=3$，$\lambda=0.9$，$\mu=0.4$，$\lambda/\mu=2.25$，$\rho=\lambda/(c\mu)=0.75 < 1$ 符合要求条件。

（1）保障系统空闲的概率为

$$P_0 = \left[\sum_{k=0}^{c-1} \frac{1}{k!}\left(\frac{\lambda}{\mu}\right)^k + \frac{1}{c!}\left(\frac{\lambda}{\mu}\right)^c \left(\frac{1}{1-\rho}\right) \right]^{-1}$$

$$= \left[\frac{(2.25)^0}{0!} + \frac{(2.25)^1}{1!} + \frac{(2.25)^2}{2!} + \frac{(2.25)^3}{3!} \times \frac{1}{1-0.75} \right]^{-1}$$

$$= 0.074\,8$$

（2）为求平均队长 L_s，必须先求出 L_q：

$$L_q = \frac{(c\rho)^c \rho}{c!(1-\rho)^2} P_0$$

$$= \frac{(3 \times 0.75)^3 \times 0.75}{3! \times (1-0.75)^2} \times 0.074\,8 = 1.70 \text{（人）}$$

$$L_s = L_q + \frac{\lambda}{\mu} = 1.70 + 2.25 = 3.95 \text{（人）}$$

（3）平均等待时间及平均逗留时间分别为

$$W_q = \frac{L_q}{\lambda} = \frac{1.70}{0.9} = 1.89 （分）$$

$$W_s = W_q + \frac{1}{\mu} = 1.89 + \frac{1}{0.4} = 4.39 （分）$$

（4）保障对象到达后必须等待方能接受服务，即系统中的保障对象数已有 3 个或多于 3 个，其概率为：

$$P（n \geqslant 3）= 1 - P_0 - P_1 - P_2$$

而

$$P_1 = \frac{1}{1!} （2.25）^1 \times P_0 = 2.25P_0$$

$$P_2 = \frac{1}{2!} （2.25）^2 \times P_0 = 2.53P_0$$

$$
\begin{aligned}
P（n \geqslant 3）&= 1 - P_0 - P_1 - P_2 \\
&= 1 - （P_0 + 2.25P_0 + 2.53P_0） \\
&= 1 - （1 + 2.25 + 2.53）P_0 \\
&= 1 - 5.78 \times 0.074\ 8 \\
&= 0.57
\end{aligned}
$$

8.4.2　系统容量有限的 $M/M/c/N/\infty$ 模型

系统容量最大为 $N（N \geqslant c）$，当系统中的顾客数 $n < N$ 时，到达的顾客就进入系统；当 $n=N$ 时（即队列中顾客数已达到 $N-c$ 时），再来的顾客就被拒绝，其他条件与标准的 $M/M/c$ 模型相同。设顾客到达的速率为 λ，每个服务台服务的速率为 μ，$\rho = \lambda/（c\mu）$。由于系统不会无限制地接纳顾客，对 ρ 不必加以限制。

为了求得系统的状态概率，可先作出系统的状态转移图，如图 8.11 所

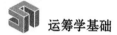

示。这时系统状态个数为有限值 0, 1, 2, $\cdots$, $N-1$, N。

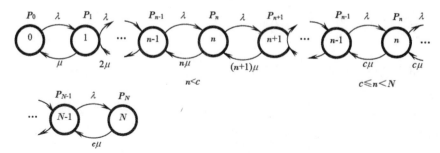

图 8.11 *M/M/c/N/* ∞ 系统状态转移图

由状态转移图，可以建立系统概率的稳态平衡方程如下

$$\begin{cases} \mu P_1 = \lambda P_0 \\ \lambda P_{n-1} + (n+1)\mu P_{n+1} = (\lambda + n\mu) P_n & , 1 \leqslant n < c \\ \lambda P_{n-1} + c\mu P_{n+1} = (\lambda + c\mu) P_n & , c \leqslant n < N \\ c\mu P_N = \lambda P_{N-1} \end{cases}$$

然后用递推求解得 P_n、P_0。

或由式 8-13 得：

$$C_n = \begin{cases} \dfrac{(c\rho)^n}{n!} & (1 \leqslant n \leqslant c) \\[3mm] \dfrac{c^c}{c!}\rho^n & (c \leqslant n \leqslant N) \end{cases}$$

由式 8-14 及 8-15 得：

$$P_0 = \left[\sum_{k=0}^{c} \frac{(c\rho)^k}{k!} + \frac{c^c}{c!} \cdot \frac{\rho(\rho^c - \rho^N)}{1-\rho} \right]^{-1} \qquad \rho \neq 1 \qquad (8-35)$$

$$P_n = \begin{cases} \dfrac{(c\rho)^n}{n!} P_0 & (1 \leqslant n \leqslant c) \\[3mm] \dfrac{c^c}{c!}\rho^n P_0 & (c \leqslant n \leqslant N) \end{cases} \qquad (8-36)$$

进一步可求得其他指标为

$$L_q = \frac{\rho (c\rho)^c}{c! (1-\rho)^2} [1 - \rho^{N-c} - (N-c)\rho^N - c(1-\rho)]P_0 \qquad (8-37)$$

$$L_s = L_q + c\rho (1-P_N) \qquad (8-38)$$

$$W_q = \frac{L_q}{\lambda (1-P_N)} \qquad (8-39)$$

$$W_s = W_q + \frac{1}{\mu} \qquad (8-40)$$

特别，当 $N=c$ 时，系统的队列最大长度为 0，即顾客到达时，如果服务台有空闲，则进入服务台接受服务，如果服务台没有空，顾客则当即离去。这样的系统称为多服务台损失制系统。许多服务设施，如旅馆、停车场等都具有这样的性质。这时系统的运行指标为：

$$P_0 = \left[\sum_{k=0}^{c} \frac{(c\rho)^k}{k!} \right]^{-1} \qquad (8-41)$$

$$P_n = \frac{(c\rho)^n}{n!} P_0 \qquad (1 \leqslant n \leqslant c) \qquad (8-42)$$

$$L_q = 0 \qquad (8-43)$$

$$L_s = c\rho (1-P_c) \qquad (8-44)$$

$$W_q = 0 \qquad (8-45)$$

$$W_s = \frac{1}{\mu} \qquad (8-46)$$

$M/M/c/N (N=c)$ 损失制排队模型有许多应用，如在多防线防空系统中，我方有 k 道防线，各道防线上配置的武器数分别为 n_1，n_2，…，n_k（均属同类武器），用来保卫某重要设施，敌机只有突破各道防线才能进入被保卫设施的上空。假设来袭敌机为参数 λ 的泊松流，每个武器在同一时间内只能射击一个目标且不考虑敌方的还击火力，若第一道防线上的武器都在射击，则后来的敌机将突破这一道防线。如果目标在防线上的时间很短，

则此防空系统可按损失制排队系统来处理，并假设每个武器对一个目标的射击时间服从负指数分布，平均射击时间为 $1/\mu$。这样第一道防线的射击效率可按 $M/M/c$（$c=n_1$）损失制排队模型来求解。只有第一道、第二道防线的所有武器都已在射击的情况下，后来的敌视方能突破第二道防线，因此敌机突破第二道防线的概率可按 $M/M/c$（$c=n_1+n_2$）损失制排队模型来求解。以此类推，可求得敌机突破全部 k 道防线进入我方被保卫设施上空的概率。

例8.5 某加油站有2台加油泵，需加油的汽车按泊松流来到加油站，平均每分钟来到2辆，加油时间服从负指数分布，平均每辆加油时间为2分钟。今加油站上最多能容纳3辆汽车等待加油，后来的汽车容纳不下时，则自动离去。求系统有关运行指标。

解：这是 $M/M/c/N/\infty$ 系统，其中 $c=2$，$N=2+3=5$，$\mu=1/2$（辆/分），$\lambda=2$辆/分，$\rho=\lambda/(c\mu)=2$，$c\rho=4$。

（1）加油站空闲的概率为

$$P_0=\left[\sum_{k=0}^{c}\frac{(c\rho)^k}{k!}+\frac{c^c}{c!}\cdot\frac{\rho(\rho^c-\rho^N)}{1-\rho}\right]^{-1}$$

$$=\left[1+4+\frac{4^2}{2!}+\frac{2^2}{2!}\times\frac{2(2^2-2^5)}{1-2}\right]^{-1}$$

$$=0.008$$

（2）加油站内等待加油的平均车辆数为

$$L_q=\frac{\rho(c\rho)^c}{c!(1-\rho)^2}[1-\rho^{N-c}-(N-c)\rho^{N-c}(1-\rho)]P_0$$

$$=\frac{4^2\times2}{2!\times(1-2)^2}[1-2^3-3\times2^3\times(1-2)]\times0.008$$

$$=2.176（辆）$$

（3）加油站内车辆平均数为

$$L_s = L_q + c\rho\left(1 - P_N\right)$$

$$= L_q + c\rho\left(1 - \frac{c^c}{c!}\rho^N P_0\right)$$

$$= 2.176 + 2 \times 2 \times \left(1 - \frac{2^2}{2!} \times 2^5 \times 0.008\right)$$

$$= 2.176 + 2 \times 2 \times \left(1 - 0.512\right)$$

$$= 4.128（辆）$$

（4）车辆在加油站内等待加油的平均时间为

$$W_q = \frac{L_q}{\lambda\left(1 - P_N\right)}$$

$$= \frac{2.176}{2 \times\left(1 - 0.512\right)}$$

$$= 2.230（分钟）$$

（5）车辆在加油站内逗留的平均时间为

$$W_s = W_q + \frac{1}{\mu}$$

$$= 2.230 + \frac{1}{\frac{1}{2}}$$

$$= 4.23（分钟）$$

例 8.6 某旅馆有 8 个单人房间，旅客到达服从泊松流，平均到达率为 6 人 / 天，旅客平均逗留时间为 2 天，求：

（1）每天客房平均占用数；

（2）旅馆客满的概率。

解：这是一个即时制的 $M / M / c / N / \infty$ 系统，其中

$$N=c=8, \quad \lambda=6, \quad \frac{1}{\mu}=\frac{1}{2}, \quad c\rho=\frac{\lambda}{\mu}=\frac{6}{0.5}=12$$

$$P_0=\left[\sum_{k=0}^{8}\frac{(c\rho)^k}{k!}\right]^{-1}$$

$$=\left[\frac{(12)^0}{0!}+\frac{(12)^1}{1!}+\frac{(12)^2}{2!}+\frac{(12)^3}{3!}+\frac{(12)^4}{4!}+\frac{(12)^5}{5!}+\frac{(12)^6}{6!}+\right.$$

$$\left.\frac{(12)^7}{7!}+\frac{(12)^8}{8!}\right]^{-1}$$

$$=3.963\times10^{-5}$$

$$P_8=\frac{(c\rho)^n}{n!}P_0=\frac{(12)^8}{8!}\times3.963\times10^{-5}=0.423$$

旅馆 8 个房间全满的概率为 0.423。

$$L_s=c\rho(1-P_8)=12\times(1-0.423)=6.924$$

故平均占用客房数为 6.9 间。客房占用率为 86.6%。

8.4.3 顾客源有限的 $M/M/c/\infty/m$ 模型

设顾客源为有限数 m，服务台个数为 c，且 $c<m$。和单服务台、顾客源有限系统一样，以武器装备维修问题为例，设武器装备总数为 m 台，每台武器装备在单位时间内发生故障的平均次数为 λ，已经发生故障正在等待修理及正在接受修理的武器装备数为 L_s，则顾客源有限系统的有效到达率为

$$\lambda_e=\lambda(m-L_s)$$

当有 n 台武器装备发生故障时（系统的状态为 n），那么正常运转的武器装备对系统的平均到达率为 $\lambda_n=\lambda(m-n)$，显然它随系统状态的变化而变化。当 $n\leq c$ 时，所有发生故障的武器装备都在修理中，而有 $c-n$

个修理人员空闲；当 $c < n \leq m$ 时，有 $n-c$ 台武器装备在停机等待修理，而修理人员都在繁忙状态。假定这 c 个修理人员的技术相同，修理时间都服从参数为 μ 的负指数分布。这时有

$$\mu_n = \begin{cases} c\mu, & c \leq n \leq m \\ n\mu, & n < c \end{cases}$$

为了求得系统的状态概率，可先作出系统的状态转移图，见图 8.12。

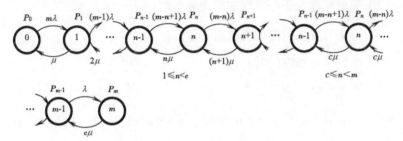

图 8.12 $M/M/c/\infty/m$ 系统状态转移图

由状态转移图，可以建立系统概率的稳态平衡方程（略），并求得系统的状态概率为

$$P_0 = \cfrac{1}{\displaystyle\sum_{k=0}^{c} \frac{m!}{k!(m-k)!}\left(\frac{\lambda}{\mu}\right)^k + \sum_{k=c+1}^{m} \frac{m!}{(m-k)!c!c^{k-c}}\left(\frac{\lambda}{\mu}\right)^k} \qquad (8\text{-}47)$$

$$P_n = \begin{cases} \cfrac{m!}{(m-n)!n!}\left(\dfrac{\lambda}{\mu}\right)^n P_0 & (0 \leq n \leq c) \\[3mm] \cfrac{m!}{(m-n)!c!c^{n-c}}\left(\dfrac{\lambda}{\mu}\right)^n P_0 & (c+1 \leq n \leq m) \end{cases} \qquad (8\text{-}48)$$

$$L_s = \sum_{n=1}^{m} nP_n \qquad (8\text{-}49)$$

$$L_q = \sum_{n=c+1}^{m} (n-c)P_n = L_s - \frac{\lambda(m-L_s)}{\mu} \qquad (8\text{-}50)$$

$$W_s = \frac{L_s}{\lambda(m-L_s)} \qquad (8\text{-}51)$$

$$W_q = W_s - \frac{1}{\mu} \qquad (8-52)$$

例 8.7 某部有 5 台某后勤装备，每台装备的故障率为 1 次 / 小时，有 2 个修理人员负责修理这 5 台装备，工作效率相同，为 4 台 / 小时。设装备连续运转时间和修理时间均服从负指数分布，求：

（1）等待修理的平均装备数；

（2）等待修理及正在修理的平均装备数；

（3）每小时发生故障的平均装备数；

（4）平均等待修理的时间；

（5）平均故障时间。

解：这是 $M/M/c/\infty/m$ 系统，已知 $m=5$，$c=2$，$\lambda=1$ 台 / 小时，$\mu=4$ 台 / 小时，$\lambda/\mu=1/4$。

则有

$$P_0 = \cfrac{1}{\displaystyle\sum_{k=0}^{c} \frac{m!}{k!\,(m-k)!}\left(\frac{\lambda}{\mu}\right)^k + \sum_{k=c+1}^{m} \frac{m!}{(m-k)!\,c!\,c^{k-c}}\left(\frac{\lambda}{\mu}\right)^k}$$

$$= \left[\frac{5!}{0!5!}\left(\frac{1}{4}\right)^0 + \frac{5!}{1!4!}\left(\frac{1}{4}\right)^1 + \frac{5!}{2!3!}\left(\frac{1}{4}\right)^2 + \frac{5!}{2!2!2^1}\left(\frac{1}{4}\right)^3 + \frac{5!}{1!2!2^2}\left(\frac{1}{4}\right)^4 + \right.$$

$$\left. \frac{5!}{0!2!2^3}\left(\frac{1}{4}\right)^5 \right]^{-1}$$

$$= 0.314\,9$$

由式 8–48 可以计算得到（算式略）：

$P_1 = 0.394$，$P_2 = 0.197$，$P_3 = 0.074$，$P_4 = 0.018$，$P_5 = 0.002$

（1）等待修理的平均武器装备数为

$$L_q = \sum_{n=c+1}^{m} (n-c)\,P_n = P_3 + 2P_4 + 3P_5 = 0.118$$

（2）等待修理及正在修理的平均武器装备数为

$$L_s= \sum_{n=1}^{m} nP_n =P_1+2P_2+3P_3+4P_4+5P_5=1.092$$

（3）每小时发生故障的平均武器装备数为

$$\lambda_e=\lambda（m-L）=1 \times（5-1.092）=3.908$$

（4）平均等待修理的时间为

$$W_q=\frac{L_q}{\lambda_e}=\frac{0.118}{3.908}=0.03（小时）=1.8（分）$$

（5）平均故障时间

$$W_s=\frac{L_s}{\lambda_e}=\frac{1.902}{3.908}=0.28（小时）=16.8（分）$$

8.5 排队系统的最优化

排队系统的最优化是指系统设计最优化与控制最优化，前者是在一定的服务质量指标下使服务机构最为经济，属于静态问题，后者是对某给定系统，如何运营可使某一目标函数达到最优，属于动态问题。本节只讨论静态问题。

一般来说，提高服务水平（如增加服务台，提高服务设备质量等）自然会降低顾客因等待造成的损失，但这会增加服务机构的成本。若只考虑减少服务机构成本的话，势必又使服务效率下降而增加顾客的等待时间。因此，最优化的目的在于在降低顾客等待损失与服务成本之间取得某种平衡，目标函数常取为两者之和或者系统的纯收入或利润。当然，若取费用之和，则是使其达到最小；若取纯收入或利润为目标函数，则应是使其达到最大。

服务水平可以由不同的参数来表示，最常采用的是平均服务率 μ，即单位时间内服务机构能"处理"的平均顾客数；其次是服务台的个数 c，以及由排队空间大小所决定的队列长度的最大限制数 N 等；服务水平有时也用服务强度来表示 ρ。

至于费用，一般说来服务成本费用是比较容易计算或估计的，而顾客的等待费用比较复杂，有的容易估算，如武器装备因故障停机对生产的影响，而有的只能由经验或统计资料做出粗略的估计，如病人因候诊等待使病情恶化造成的损失、旅客因不能及时购票或乘车的损失、由于队列过长而失去潜在顾客而造成的营业损失等。

在问题的求解中，对于离散变量常用边际分析法，对于连续变量常用微分法，较复杂的问题可以用非线性规划、动态规划或模拟的方法解决。

8.5.1 $M/M/1$ 系统的最优服务率

先考虑 $M/M/1/\infty/\infty$ 系统，取目标函数 z 为单位时间内服务成本与顾客在系统内逗留费用之和的期望值，即

$$z = c_1\mu + c_2 L_s \qquad (8-53)$$

其中，c_1 为 $\mu=1$ 时服务机构单位时间的费用，c_2 为每个顾客在系统内逗留单位时间的费用。

将 $L_s = \dfrac{\lambda}{\mu-\lambda}$ 代入（8-53），可得

$$z = c_1\mu + c_2\frac{\lambda}{\mu-\lambda}$$

为求目标函数 z 的极小值，令

$$\frac{dz}{d\mu} = c_1 - \frac{c_2\lambda}{(\mu-\lambda)^2} = 0$$

求出最优服务率为

$$\mu^* = \lambda + \sqrt{\frac{c_2}{c_1}\lambda} \qquad\qquad (8-54)$$

最小平均总费用为

$$z^* = c_1\lambda + 2\sqrt{c_1 c_2 \lambda} \qquad\qquad (8-55)$$

例 8.8 某部兴建一座港口码头，只有一个装卸船只的装置。要求设计装卸能力，装卸能力用每日装卸的船数来表示。已知单位装卸能力每日平均耗费为 2 000 元，船只到港后如不能及时装卸，停留一天损失运输费 1 500 元，预计船的平均到达率为每天 3 艘。设船只到达时间间隔和装卸时间服从负指数分布，问：港口装卸能力多大时，每天的总支出最少？

解：属于求 $M/M/1$ 系统的最优服务率问题。已知 $c_1 = 2\,000$ 元 / 天，$c_2 = 1\,500$ 元 / 天，$\lambda = 3$ 艘 / 天。则港口最优装卸能力为

$$\mu^* = \lambda + \sqrt{\frac{c_2}{c_1}\lambda} = 3 + \sqrt{\frac{1\,500}{2\,000} \times 3} = 4.5 \text{（艘 / 天）}$$

对 $M/M/1/N/\infty$ 系统，一般从使服务机构利润最大化来考虑。该系统中如果已有 N 个顾客，则后来的顾客不能再进入系统，即 P_N 为被拒绝的概率，$1-P_N$ 为能接受服务的概率。在平稳状态下，单位时间内到达并进入系统的平均顾客数为 $\lambda_e = \lambda(1-P_N)$，它也等于单位时间内实际服务完的平均顾客数。设每服务一个顾客服务机构的收入为 G 元，则单位时间内收入的期望值为 $\lambda(1-P_N)G$ 元，故利润为 z，为

$$z = \lambda(1-P_N)G - c_1\mu$$

$$= \lambda G \frac{1-\rho^N}{1-\rho^{N+1}} - c_1\mu$$

$$= \lambda\mu G \frac{\mu^N - \lambda^N}{\mu^{N+1} - \lambda^{N+1}} - c_1\mu$$

为求目标函数 z 的极大值，令

$$\frac{dz}{d\mu} = 0$$

得

$$\rho^{N+1}\left[\frac{N-(N+1)\rho+\rho^{N+1}}{(1-\rho^{N+1})^2}\right] = \frac{c_1}{G} \tag{8-56}$$

求出满足上式的 ρ，即为使利润最大的 ρ^*。最优服务率为

$$\mu^* = \frac{\lambda}{\rho^*}$$

8.5.2 $M/M/c$ 系统的最优服务台数

在稳态时，单位时间内全部费用 z（服务成本与顾客等待费用之和）的期望值为

$$z = c_1 c + c_2 L \tag{8-57}$$

其中 c 为服务台数，c_1 为每个服务台单位时间的成本，c_2 为每个顾客在系统中停留单位时间的费用，L 是系统中顾客的平均数 L_s 或队列中等待的顾客的平均数 L_q（取 L_s 或 L_q 要根据实际问题而定）。由于 L（L_s 或 L_q）是随服务台的个数变化的，c_1 和 c_2 是给定的常数，因此，在式（8-57）中，唯一可变的是服务台的个数 c，所以全部费用 z 是 c 的函数，记为 $z=z(c)$。现在的问题是求出最优解 c^*，使目标函数 $z(c)=c_1 c+c_2 L$ 为最小。

因为 c 只能取整数值，$z(c)$ 不是连续变量的函数，不能采用微分法求极值。故宜采用边际分析法，若 $z(c^*)$ 达到最小，则 c^* 应满足

$$\begin{cases} z(c^*) \leq z(c^*-1) \\ z(c^*) \leq z(c^*+1) \end{cases}$$

将式（8–57）中的 z 代入，得

$$\begin{cases} c_1c^*+c_2L(c^*) \leqslant c_1(c^*-1)+c_2L(c^*-1) \\ c_1c^*+c_2L(c^*) \leqslant c_1(c^*+1)+c_2L(c^*+1) \end{cases}$$

将上式化简，得

$$L(c^*)-L(c^*+1) \leqslant \frac{c_1}{c_2} \leqslant L(c^*-1)-L(c^*)$$

依次求出 $c=1$，2，$\cdots$时 L 的值，并作相邻的两个 L 值之差，组成一个 $L(c)-L(c+1)$ 的数列，根据 c_1/c_2（为已知常数）落在该数列的哪两项之间就可定出 c^*。

8.6　排队论的应用

8.6.1　执勤排队检查问题

在执行值勤、检查任务的过程中，不可避免地会遇到车辆和人员拥挤、排队的现象，可使用排队论技术为值勤决策提供支持和参考。排队论中假设需要处理的顾客（相当于需要接受检查的对象）的到达规律服从泊松分布。也就是顾客到达时间规律具有无后效性、平稳性、普通性这些特征与执行检查任务过程中需要接受检查的车辆和人员到达的规律正好吻合，所以，排队论方法特别适合于研究检查问题。

例 8.9 某部决定在边境地区新开通的高速公路上建设检查站，检查过往车辆和人员、缉私、缉毒。经调查，大客车平均每 10 分钟左右过检查站 1 辆，而且服从泊松分布，平均每辆大客车的检查时间为 5 分钟，而且服从负指数分布。上级要求当地相关单位提出关于建设几条大客车专用检查通道的建议，相关单位向上级提供建议时，需要了解如下两个指标：

（1）如果建设 1 条通道，则在任意时间里，在通道里等待检查的大客车的平均数量是多少？如果数量太多，则向上级建议建设 2 条专用通道；

（2）对于任意 1 辆大客车，从它到达通道到检查完毕离开通道的时间期望值是多少？如果逗留时间期望值太长，则会向上级建议建设 2 条专用通道。

解：上述问题可归结为一个标准的 $M/M/1$ 排队模型，其中平均到达率 $\lambda=6$ 辆／小时，平均服务率 $\mu=12$ 辆／小时。则：

（1）等待检查的大客车的平均数量相当于排队论中的队列长（排队长）指标 L_q，将已知参数代入排队论公式

$L_q = \dfrac{\lambda^2}{\mu(\mu-\lambda)}$ 中，可求得 $L_q = \dfrac{1}{2}$ 辆；

（2）任意一辆大客车从到达检查通道到检查完毕离开的时间期望值相当于排队论中的逗留时间指标 W_s，代入排队论公式

$W_s = \dfrac{1}{\mu-\lambda}$ 中，可求得 $W_s = \dfrac{1}{6}$ 小时，即 10 分钟，时间不算很长。

综合以上两点，向上级建议建设 1 条专用通道为宜。

8.6.2 加油站开设问题

加油站为满足油料保障的需求，必须利用其有限的资源提高保障效益。加油口怎样设置、设置多少是典型的"排队—服务"问题，所以可以用排队论模型加以解决。排队系统有 3 个组成部分，即输入过程、排队规则和服务方式，对于加油站的开设而言，其输入过程符合泊松分布，即车辆到达是随机的；排队规则是等待制，即车辆到达时，若有空闲，立即加油。若没有空闲，只能排队等待，而且是先到先加；服务方式是负指数分布，即每辆车时间相互独立。于是，泊松输入、负指数分布、N 个加油口的排队系统可以定为 $M/M/N$ 系统。系统中加油口的数量不同，N 的数值不同，

即形成不同的排队系统，其效果显然是不一样的。

（1）$M/M/1$ 系统

$M/M/1$ 系统指系统排队等待接受加油的通道只有单独一条，也叫"单通道服务"系统。设车辆平均到达率为 λ，则到达的平均时间为 $1/\lambda$。排队车辆从单通道接受加油至通过的平均服务率为 μ，则平均加油时间为 $1/\mu$。比率 $\rho = \lambda/\mu$ 称为加油强度或利用系数，由 ρ 值的大小可以看出整个加油系统的状态。如果 $\rho < 1$，表示车辆的平均到达数小于加油站的平均加油车辆数，即加油站能够满足车辆的油料保障需求；如果 $\rho \geqslant 1$，表示加油站的平均加油车辆数小于车辆的平均到达数，即加油站不能满足车辆的油料保障需求，如果车辆持续到达，则需要等待的车辆越来越多。因此，要有足够的保障能力，必须首先满足 $\rho < 1$。

（2）$M/M/N$ 系统

加油站不只有 1 个加油口，而是多个加油口同时展开工作，也就是服务通道有 N 条，称为"多通道服务系统"，即 $M/M/N$ 系统。同样，设车辆平均到达率为 λ，排队行列从每个加油口接受服务后的平均服务率为 μ，则每个加油口的平均加油时间为 $1/\mu$。仍记 $\rho = \lambda/\mu$，则 ρ/N 称为加油强度。和 $M/M/1$ 系统相仿，当 $\rho/N < 1$，表示加油站能够满足车辆的油料保障需求；如果 $\rho/N \geqslant 1$，表示加油站不能满足车辆的油料保障需求，则排队长度将越来越长。$M/M/N$ 系统根据车辆排队方式的不同，又可分为两种情况：一是单路排队多通道服务，指排成 1 个队列等待、数条通道服务的情况，排队中头一个顾客看哪个通道空闲就到哪里去加油；二是多路排队多通道服务，指每个通道各排 1 个队列，每个通道只为其相应的 1 队车辆服务，车辆不能随意换队。第 2 种情况相当于由 N 个 $M/M/1$ 系统组成的大系统。

例8.10 某石油企业在某个地域范围内要开设一加油站，已知需要加油的车辆数量平均为每小时100辆，每个加油口的加油时间平均为2分钟，共有4个加油口。那么不同的加油设置方式哪一种效率更高呢，加油口的数量设为4个是否合适？当分别设置不同的加油方式时，应用排队论模型可以分别计算出其平均加油时间、平均等待时间、系统平均车辆数等系统参数值，通过参数值的比较就可以得知不同加油方式的优劣，通过系统中平均车辆数和加油口数量对比就可以得知加油口数量设置是否合适。

解：不同加油方式下的系统参数值。

1）多路排队多通道加油。多路排队多通道加油时，每个加油口有自己的排队车道，车辆不能从一个车道换到另一个车道，这样到达的车辆就基本上4等分，此时为 $M/M/1$ 系统，于是，对每个加油口有

$$\lambda_1 = \frac{100/4}{3\,600} = \frac{1}{144}（辆/秒），\ \mu_1 = \frac{1}{120}（辆/秒），\ \rho_1 = \lambda_1/\mu_1 = \frac{5}{6} < 1,$$

系统稳定。

可求得系统中的平均车辆数为5（辆），平均排队长度为4.17（辆），排队系统中的平均消耗时间为720（秒/辆），排队中的平均等待时间为600（秒/辆）。

对于4个加油口构成的系统，其平均车辆数为20（辆），平均排队长度为16.68（辆），排队系统中的平均消耗时间为720（秒/辆），排队中的平均等待时间为600（秒/辆）。

2）单路排队多通道加油。此时为 $M/M/N$ 系统，在此种情况下有

$$\lambda_2 = \frac{100}{3\,600} = \frac{1}{36}（辆/秒），\ \mu_2 = \frac{1}{120}（辆/秒），\ \frac{\rho}{N} = \frac{5}{6} < 1,\ 系统稳定。$$

可求得系统中的平均车辆数为6.6（辆），平均排队长度为3.3（辆），排队系统中的平均消耗时间为240（秒/辆），排队中的平均等待时间为

120（秒 / 辆）。

根据题意，$m=5$，$\lambda=1/15$（台 / 分钟），$\mu=1/12$（台 / 分钟），$\lambda/\mu=0.8$。

3）单路排队单通道多口加油。在此情况下，4 辆车为一组，同时接受加油，相当于车辆到达数为实际车辆到达数 1/4 的 $M/M/1$ 系统，于是

$$\lambda_3=\frac{1}{144}（辆 / 秒），\quad \mu_3=\frac{1}{120}（辆 / 秒）$$

可以得到系统中的平均车辆数为 20（辆），平均排队长度为 16.68（辆），排队系统中的平均消耗时间为 720（秒 / 辆），排队中的平均等待时间为 600（秒 / 辆）。

通过比较发现，首先对于第 1 种和第 3 种情况而言，从数值上比较是相等的，但如果 4 辆车在同一通道上同时加油，要受到 4 辆车是否能同时到达加油口、4 辆车的加油及等待时间以消耗时间最长车辆为准等因素的制约，所以单路排队单通道多口加油的排队长度、平均消耗时间、平均等待时间等参数值都会劣于单路排队多通道加油。

在加油口数目相同的情况下，第 2 种情况要明显优于第 1 种情况。究其原因主要在于第 1 种情况，表面上看到达车辆被分散，但实际受排队车道与加油通道一一对应的制约，如果某一通道由于某种原因延长了某车加油的时间，显然要增加在此通道后排队车辆的等待时间，甚至会出现邻近车道排队车辆后来居上的情况。而第 2 种情况下，系统中的车辆就比较灵活，排在第 1 位的车辆可以看哪个加油口有空就到哪个加油口去，避免了各加油口忙闲不均的情形，充分发挥了其加油能力，因而显得更加优越。从现实情况来分析，银行、电信等部门都相继推行了叫号服务系统，其原因就在于这实际上也是一种单路排队多通道服务系统。

为使加油站发挥最大的效益，应该设置成单路排队多通道服务系统。在满足此条件以后，还要考虑加油口设置数量问题。设置太少，排队车辆就会越来越多，不能满足需求；设置太多，就会造成资源的浪费。加油口设置数量问题仍可用排队论模型加以解决。对于设置3个，4个，5个，…，n个加油口哪个最合适这一问题，按同样的算法可以得出不同加油口数量下的系统参数值。通过计算可以发现，当设置3个加油口时，系统不稳定；当设置5个加油口时，系统中的平均车辆数为4辆，平均排队长度为0.67辆，平均消耗时间为144秒。系统中的平均车辆数小于加油口的数量、平均排队长度小于1，也就是会造成加油口的闲置。所以，设置5个或多于5个加油口时，会造成不同程度的资源浪费。由此可见，设置4个加油口是最合适的。

习　题

1. 某加油站只有1台加油机，前来加油的车辆服从泊松分布，平均每5分钟到达一辆。设加油站对每辆汽车加油的平均时间为3分钟，加油时间服从负指数分布。求

（1）加油站空闲的概率；

（2）加油站内恰好有3辆汽车的概率；

（3）在加油站内等待加油的车辆的平均数；

（4）一辆车从到达加油站开始等待加油到加油完毕离开加油站的平均时间。

2. 某加油站只有1台加油机，需加油车辆到达服从泊松分布，平均每小时到达60辆。由于加油站面积小且较拥挤，到达的汽车中平均每4台中有1台不能进入站内而离去，这时排队等待加油的汽车队列（不计正在

加油的车辆）为 3.5 辆，求进入该加油站的汽车等待加油的平均时间。

3. 到单人理发店理发的顾客为泊松流，平均间隔时间为 20 分钟，理发时间服从负指数分布，平均需要 15 分钟。

（1）顾客到达不必等待即可理发的概率；

（2）理发店内顾客的平均数；

（3）顾客在理发店内的平均逗留时间；

（4）若顾客在店内的平均逗留时间超过 1.25 小时，则店主将考虑增加设备及理发员，问：平均到达率提高到多少时店主才会做这样的考虑？

4. 病人按平均每小时 20 个的泊松流到达某单人卫生所，诊所候诊室最多能容纳 14 个病人，每个病人的诊治时间服从负指数分布，平均每小时 10 人。试求：

（1）诊所的实际候诊到达率（有效到达率）；

（2）一个病人到达诊所能立即看病的概率；

（3）到达诊所的就诊者能找到一个空位的概率；

（4）病人在诊所的平均候诊时间及逗留时间；

（5）诊所内的平均病人数以及候诊的平均病人数。

5. 某停车场有 10 个停车位置。汽车到达服从泊松分布，平均每小时 10 辆，每辆汽车停留时间服从负指数分布，平均 10 分钟，试求：

（1）停车位置的平均空闲数；

（2）到达汽车能找到一个空位停车的概率；

（3）在该场地停车的汽车占总到达数的比例；

（4）每天（24 小时）在该停车场找不到空闲位置停放的汽车的平均数。

6. 某车间有 3 台同样的装置，已知每一装置平均每小时发生一次故障，且故障间隔时间服从负指数分布。如果安排一名修理工，每修一台装置平

均需要半小时，修理时间也服从负指数分布。如果安排 2 名修理工共同修理出故障的装置，则平均每修一台装置需要四分之一小时即可。试分别计算两种情况下 3 台装置都正常工作的概率和出故障的装置的平均台数。

7. 某火车站的电话问讯处设有 3 部电话，可以视为 $M/M/3/3$ 系统。若平均每隔 2 分钟有一次问讯电话（包括接通和未接通的），每次通话的平均时间为 3 分钟，试问打来问讯处的电话能接通的概率为多少？

8. 某航空售票处有 3 台订票电话和 2 名服务员。当 2 名服务员在接电话处理业务时，第 3 台电话的呼叫则处于等待状态。若 3 台电话均占线，新的呼叫因不通（忙音）而转向其他售票处订票。设订票顾客的电话呼叫服从泊松分布，平均每小时有 15 人，服务员对每名顾客的服务时间服从负指数分布，平均时间为 4 分钟。试求：

（1）打电话的顾客立即开始与服务员通话的概率；

（2）8 小时营业时间内转向其他售票处订票的顾客数；

（3）服务员用于为顾客服务时间占全部工作时间的比例。

9. 某医院内科有 3 个诊室，各有一个医生，每个医生给每个病人看病的平均时间为 10 分钟，看病的时间服从负指数分布。病人到达为泊松流，平均到达率为每小时 12 人。病人到达后有两种排队方式：一是排成一队，依次到空闲的诊室看病；另一种是分别在每个诊室门口排成一队，且进入队列后不再改变，形成三个队列。分别计算按两种方式排队的以下指标：

（1）病人必须等待的概率；

（2）病人的平均等待时间；

（3）病人的平均逗留时间。

哪种排队方式对于病人看病比较方便？

10. 某修理所故障装备到达服从泊松分布，$\lambda=6$ 台 / 小时，每台装备修理时间服从负指数分布，平均修理时间为 7 分钟。今有一种新的修理设备，可使装备修理时间减少到 5 分钟，但每分钟这台设备需要费用 10 元，而每台故障装备估计在一分钟造成的损失费为 5 元，试问，该修理所是否需要购置这台新的修理设备？

11. 某一厂级仓库负责向全厂生产工人发放材料和工具，已知每小时来此仓库领用材料或工具的工人数服从参数 λ=20 人次 / 小时的泊松分布，发放时间服从参数 μ =15 人次 / 小时的负指数分布，若每个工人因来领料等待，每小时等待成本为 50 元，仓库管理员每小时服务成本为 5 元，试问，该仓库应该配备几名管理员，才可以使单位时间的期望值总费用最小？